高等职业教育"十二五"精品课程规划教材

通 信 原 理

（第 2 版）

徐文燕　主　编
伍振国　副主编
焉江艳　主　审

U0282330

北京邮电大学出版社
·北京·

内 容 简 介

本书是针对高等职业教育的要求,结合高职学生的特点和多年来高职教育的实践经验编写而成的。以通信系统必不可少的基本组成开始,按信号在通信系统的流程顺序进行编写,着重介绍数字通信的基本原理,并围绕原理介绍最新的通信技术与实现方法。

全书共分为9章:第1章绪论;第2章模拟调制系统;第3章模拟信号的数字化传输;第4章数字信号的基带传输系统;第5章数字信号的频带传输;第6章信道复用和多址方式;第7章同步技术;第8章差错控制;第9章通信系统的应用举例。

本书的特点是系统性强,内容编排连贯,突出基本概念、基本原理。在编写上力求通俗易懂,除必要的数学推导外,注意讲述物理概念和直观的图形分析,强调应用。

为使读者能更好地理解基本概念和掌握通信系统的分析方法,每章都精选了一些例题和习题,以供学习时参考。

本书可以作为通信、电子信息、电子工程、自动化、计算机等专业高职高专、函授和成人教育的教材,也可供其他学习通信技术的人员参考。

图书在版编目(CIP)数据

通信原理 / 徐文燕主编 . -- 2 版 . -- 北京:北京邮电大学出版社,2012.6(2023.8重印)
ISBN 978-7-5635-2942-1

Ⅰ.①通… Ⅱ.①徐… Ⅲ.①通信原理 Ⅳ.①TN911

中国版本图书馆 CIP 数据核字(2012)第 043800 号

书　　　名:通信原理(第2版)
主　　　编:徐文燕
责任编辑:王晓丹
出版发行:北京邮电大学出版社
社　　　址:北京市海淀区西土城路 10 号(100876)
发 行 部:电话:010-62282185　传真:010-62283578
E-mail:publish@bupt.edu.cn
经　　　销:各地新华书店
印　　　刷:北京虎彩文化传播有限公司
开　　　本:787 mm×1 092 mm　1/16
印　　　张:13
字　　　数:323 千字
版　　　次:2008 年 6 月第 1 版　2012 年 6 月第 2 版　2023 年 8 月第 8 次印刷

ISBN 978-7-5635-2942-1　　　　　　　　　　　　　　　　　　　定　价:28.00 元

编者的话

通信是人类社会传递信息、交流思想、传播知识的重要手段。当前，人类已进入信息化社会，通信技术正以惊人的速度向前发展。通信与计算机的结合，更为通信技术的飞跃注入了新的生机和活力。现代通信技术和通信网正向数字化、智能化、宽带化、综合化、个人化方向发展，全球一网是现代通信发展的总趋势。

《通信原理》是一门专业基础课的教材，其任务是介绍通信系统的基本原理、基本技术、基本性能和基本分析方法。本书主要介绍现代通信系统所涉及的基本理论和技术，以数字通信为主，按系统的原理框架分章讲解，重点放在与通信系统有关的基本理论和基本方法上。考虑到内容的实用性和系统性，该教材对模拟通信的相关内容也作了介绍。为跟踪当前通信发展趋势，适当介绍了通信领域的新技术和新的发展方向。

根据高职高专院校的特点，本教材注重实践能力的培养，培养学生独立分析问题、解决问题和设计创新的能力。教材中强调加强基本概念的掌握，加强基本运算和分析问题、解决问题方法的训练。内容力求简练，重点突出，深入浅出，通俗易懂。在内容选取上注重基础性、先进性、实用性、系统性和方向性，理论联系实际，努力反映现代通信技术的最新发展。在文字表达上力求条理清楚、深入浅出、通俗易懂、循序渐进。除必要的数学分析外，尽量回避繁琐的数学推导，突出重点，强调物理概念，用直观的图解方法解释物理问题，以便于对讨论内容的理解。

本书共9章，第1章主要介绍通信的基本概念、通信系统模型、性能指标、信道及容量；第2章主要介绍模拟调制系统的调制方法及其抗噪性能；第3章着重介绍几种主要的模拟信号的数字编码方法，并分析了其性能；第4章主要介绍数字信号的基带传输的特性；第5章主要介绍数字信号的基本调制系统性能，并介绍部分现代数字调制系统；第6章分别介绍了目前广泛采用的几种信道复用和多址方式；第7章着重分析了载波同步、位同步、帧同步及网同步的实现方法；第8章内容包括差错控制的基本原理、常用的几种检错码、线性分组码、循环码和卷积码;第9章应用举例,以建立完整的数字通信系统的概念。为了便于读者理解和复习,每章后面均附有小结和习题。

本书参考学时数为60～90,选用本书作为教材可根据课程设置的具体情况、专业特点和教学要求的侧重点不同进行适当的取舍讲授,灵活掌握。

本书自成系统,便于自学,可作为高职院校计算机、通信工程、信息技术和其他相近专业的高职生教材,也可供从事这方面工作的广大科技工作者阅读和参考。

本书由武汉铁路职业技术学院徐文燕老师主编;武汉铁路职业技术学院焉江艳老师主审。

由于编者水平有限,加之时间紧迫,书中难免存在问题或错误,敬请各位读者批评指正。

编者

2011 年 12 月

目　　录

第1章 绪 论

1.1 通信系统的组成

1.1.1 通信的基本概念

何谓通信？通信就是把信息从一地有效地传递到另一地，即消息传递的全过程。在人类社会的各项活动中，通信无处不在。古代的消息树、烽火台，当今的语音、音乐、文字、数据、图像、视频等都是利用不同方式传递信息的，均属于通信的范畴。自 1837 年莫尔斯发明了电码和有线电报、1876 年贝尔发明了电话，通信进入了"电"通信时代，即用电信号来传递信息。近二十年来，数字处理技术、计算机技术、光纤通信技术进入通信领域，使通信得到飞跃式的发展。本书讲述的通信是指电通信。

1.1.2 通信系统模型

通信是由通信系统来实现的。通信系统是指完成信息传递的传输介质和全部设备。以最简单的通信方式——两个人之间的对话——为例，点对点通信系统的模型如图 1-1 所示。

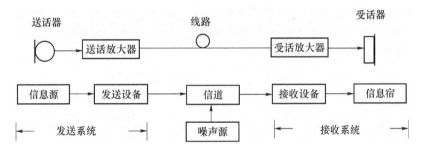

图 1-1 通信系统模型

图 1-1 是由音频电话通信抽象出来的通信模型。音频信号由送话器转化为话音电流，经放大后送线路传输，受话器将话音电流再转化为话音信号，完成双方通话。电话频带为 $0\sim4\,\mathrm{kHz}$，这种具有从零频率或接近于零频率开始的低频频谱的信号称为基带信号。通常将信息转化为基带信号的电路称为信息源，而将基带信号转化为信息的电路称为信息宿。发送放大器称为发送设备，接收放大器称为接收设备。通信线路称为信道。信道的噪声、通信设备的噪声、电源噪声、干扰统称为噪声。

上述的基带通信系统存在诸多缺点：该系统只是一个单向通信系统，不能实现信息的交互；其通信线路利用率低，一条线路只供一对用户通信；很容易受到噪声干扰和形成噪声积累。因此图 1-1 称为通信系统的一般模型。

1.1.3 模拟通信系统模型和数字通信系统模型

在图 1-1 中，信息源发出的信息可以分为两类：一类是连续信息；另一类是离散信息。连续信息的状态连续变化或是不可数的，如语音、活动图片等，连续信息也称为模拟信息。离散信息则是指信息的状态是可数的或离散的，如符号、数据等，离散信息也称为数字信息。

为了传递信息，需将各种信息转换成电信号。由图 1-1 的通信过程可知，信息与电信号之间必须建立单一的对应关系，否则在接收端就无法恢复出原来的信息。通常把信息寄托在电信号的某一参量上。按信号参量的取值方式不同可把信号分为两类，即模拟信号和数字信号。

若电信号的参量携带着模拟信息，则该参量必将是连续取值的，称这样的信号为模拟信号。若电信号的参量携带着数字信息，则该参量必将是离散取值的，这样的信号就称为数字信号。

按信道中传输的是模拟信号还是数字信号，可相应地将通信系统分为模拟通信系统和数字通信系统。

1. 模拟通信系统模型

模拟通信系统模型如图 1-2 所示。在该系统中，发送设备是调制器，接收设备是解调器。传输模拟信号的通信系统需要两种变换。第一种变换是在发送端信源和接收端信宿进行的。发送端信源要将连续信息变换成原始的电信号；接收端信宿要将收到的信号反变换成原来的连续信息。由于原始电信号通常具有很低的频率分量，一般不宜直接传输，因此常常需要有第二种变换。第二种变换是在发送端将原始电信号变换成适合信道传输的信号，并在接收端再进行反变换。这种变换和反变换的过程称做调制和解调。经过调制器调制后的信号称为已调信号或频带信号，而将发送端调制前和接收端解调后的信号称为基带信号。

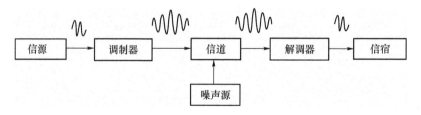

图 1-2　模拟通信系统模型

已调信号有 3 个基本特征：一是携带有信息；二是适合在信道中传输；三是信号的频谱具有通带形式且中心频率远离零频。基带信号的基本特征是：频谱从零频附近开始，如语音信号为 $300\sim3\,400$ Hz，图像信号为 $0\sim6$ MHz。

模拟通信系统除了调制器、解调器之外，还有滤波器、放大器、二/四线转换电路等其他功能电路。

模拟通信研究的基本问题是：发送端信源、接收端信宿对信息、基带信号的转换过程及基带信号的特性；调制与解调器原理；信道特性与噪声对信号传输的影响；在有噪声条件下的系统性能等。

2. 数字通信系统模型

数字通信系统模型如图 1-3 所示。

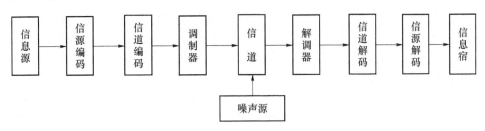

图 1-3　数字通信系统模型

（1）信源和信宿：信源的作用是将信息转化为原始电信号，完成非电/电的转换；信宿的作用是将原始的电信号还原为信息，完成电/非电的转换。

（2）信源编码和信源解码：信源编码器对原始电信号进行数字化编码（A/D 变换）、数据压缩，以减少数据的冗余量。信源解码是信源编码的逆过程。

（3）信道编码和信道解码：数字信号在信道中传输时，受到噪声干扰，会引起差错。为使数字信号适应信道所进行的变换称为信道编码。信道编码的目的就是提高通信系统的抗干扰能力，尽量控制差错，保证通信质量。信道解码是信道编码的反变换。

（4）调制和解调：调制器和解调器的作用与模拟通信系统作用相同，不同的是这里的调制与解调是数字的。

（5）信道：信道是信号传输的通道。信道分为有线信道和无线信道。在某些有线信道中，若传输距离不远，通信容量不大时，数字基带信号可以直接传送，称为基带传输；而在无线信道和光缆信道中，数字基带信号必须经过调制，即把信号频谱搬移到高频处才能传输，这种传输称为频带传输。

3. 数字通信系统与模拟通信系统的性能比较

数字通信系统最大的优点是使现代通信技术与计算机技术相互交融。与模拟通信系统相比较，数字通信系统更能适应信息社会对通信技术越来越高的要求。数字通信系统与模拟通信系统相比，具有如下突出优点。

（1）数字传输的抗干扰能力强，特别是在中继传输时，可以对数字信号再生放大，而噪声不积累。

（2）可采用差错控制编码改善传输质量。数字信号在传输过程中受到干扰可能出错，可利用差错编码技术纠正错误。

（3）在数字通信中便于使用现代数字信号处理技术对数字信息作加密处理。

（4）数字通信系统适合传输、交换多种信息。数字通信系统便于利用计算机技术、数字存储技术、数字交换技术以及数字处理技术等现代技术，对信息进行处理、存储、交换。通常数据终端的接口是标准数字接口，便于与数字通信系统连接。

（5）便于集成化，使通信设备微型化。

数字通信系统相对于模拟通信系统来说，主要有以下两个缺点。

（1）数字信号占用的频带宽。以电话为例，一路数字电话一般要占据 20～64 kHz 的频带带宽，而一路模拟电话仅占用约 4 kHz 带宽。如果系统传输带宽一定，模拟电话的频带利用率要高出数字电话的 5～15 倍。

（2）数字通信系统对同步要求高，系统设备比较复杂。数字通信中，要准确地恢复信号，必须要求收端和发端保持严格同步，因此数字通信系统及设备一般都比较复杂。

随着科学技术的不断发展，数字通信的两个缺点也越来越显得不重要了。实践表明，数字通信是现代通信的发展方向。

1.2 通信系统的分类及通信方式

1.2.1 通信系统的分类

通信系统有多种分类方法，下面介绍常用的几种通信系统的分类方法。

1. 按提供的业务类型分类

按提供的业务类型分类，通信系统可以分为电话通信系统、电报通信系统、数据通信系统、图像通信系统等。

2. 按传输媒介分类

按传输媒介分类，通信系统可分为有线通信系统和无线通信系统。有线通信系统包括光纤通信、电缆通信等；无线通信系统包括移动通信、微波接力通信、卫星通信等。

3. 按信号特征分类

按信道中传输的是模拟信号还是数字信号，可相应地把通信系统分为模拟通信系统和数字通信系统。

4. 按调制方式分类

按信道中传输的信号是否经过调制，可将通信系统分为基带传输系统和频带传输系统。基带传输系统是将未调制的信号直接传输；频带传输系统是将基带信号经调制后送入信道传输。

5. 按信号复用方式分类

按信号复用方式分类，通信系统可分为频分复用（FDM）通信系统、时分复用（TDM）通信系统和码分复用（CDMA）通信系统。

1.2.2 通信方式

通信系统中有多种通信方式，可按不同的方法划分如下。

1. 按传输信息的方向与时间关系划分

相邻的点对点通信按传输信息的方向与时间关系划分，可分单工通信、半双工通信和全双工通信。

单工通信是指消息只能单方向传输的工作方式。例如，电台广播、电视广播等都是单工通信方式,如图 1-4(a)所示。

　　半双工通信是指通信的双方都能收发信息,但不能同时进行收发信息的通信方式,如图 1-4(b)所示。例如,无线对讲机和普通无线电收发报机等是半双工通信方式。在光纤接入到户中,可用一根光纤分时完成计算机数据、电视、电话的双向传输。

　　全双工通信是指通信的双方都可同时收发信息的通信方式,如图 1-4(c)所示。例如,普通电话、交换式以太网的计算机通信等均采用全双工通信方式。

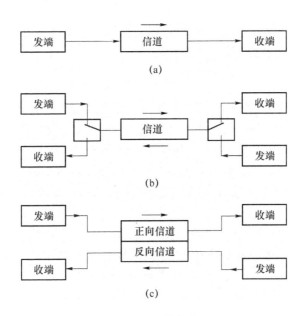

图 1-4　通信方式

2. 按数字信号码元排列方法划分的通信方式

　　在数字通信中按数字信号码元排列方法不同,可分为串行传输和并行传输的通信方式。

　　串行传输是将数字信号码元序列按时间顺序一个接一个地在信道中传输,如图 1-5(a)所示,例如计算机网络通信。

　　并行传输是将数字信号码元序列分割成两路或两路以上的数字信号码元序列同时在多个信道中传输,如图 1-5(b)所示,如计算机和打印机之间数据的传输。

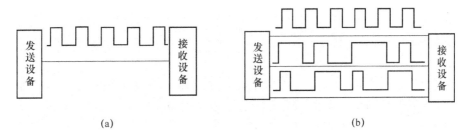

图 1-5　串行传输和并行传输

　　串行传输方式只需一条通路,线路成本低,适合于长距离的通信;而并行传输方式需要多条通路,线路成本高,传输速率高,适合于短距离的通信。

1.3　通信系统的主要性能指标

评价一个通信系统,往往要涉及许多性能指标。从研究信息传输方面考虑,通信的有效性和可靠性是通信系统中最主要的性能指标。有效性主要是指消息传输的"速度"问题,而可靠性主要是指消息传输的"质量"问题。有效性和可靠性是相互矛盾而又相互联系的。提高有效性会降低可靠性,反之亦然。因此在设计通信系统时,对二者应统筹考虑。

1.3.1　模拟通信系统的性能指标

1. 有效性

在模拟通信系统中,有效性是利用信息传输速度或者有效传输频带来衡量的。同样的消息采用不同的调制方式,则需要不同的频带宽度。频带宽度越窄,则对频带的有效(利用)性越好。例如,传输一路模拟电话,单边带调幅信号只需要 4 kHz 带宽,而双边带调幅信号需要 8 kHz 带宽,因此在一定频带内用单边带调幅信号传输的话路数比用双边带调幅信号获得的话路数多一倍,显然,单边带调幅系统的有效性比双边带调幅系统要好。

2. 可靠性

模拟通信系统的可靠性用接收端输出信噪比(输出信号平均功率与噪声平均功率的比值)来衡量,信噪比越高,通信质量越好。例如,通常电话要求信噪比为 20~40 dB,电视则要求 40 dB 以上。信噪比除了与信号功率、噪声功率的大小有关外,还与信号的调制方式有关。例如,调频信号的抗噪声性能优于调幅信号,但调频信号所需传输频带要大于调幅信号。

1.3.2　数字通信系统的性能指标

1. 数字通信系统的有效性

数字通信系统的有效性可用码元速率、信息速率及系统频带利用率这 3 个性能指标来描述。

(1) 码元速率 R_B

码元速率 R_B 又称码元传输速率或传码率。它被定义为每秒所传送的码元数目,单位为波特(Baud)。

(2) 信息速率 R_b

信息速率 R_b 又称信息传输速率或数据传输率。它被定义为每秒所传输的信息量,单位为比特/秒(bit/s)。

由于每位二进制码元携带 1 bit 的信息量,因此信息速率等于码元速率,但两者单位不同。对于二进制码元的传输,码元速率与信息速率相等,即

$$R_B = R_b$$

而对于 M 进制码元的传输来说,由于每一位 N 进制码元可用 $\log_2 M$($M = 2^K$, K 为每个 M 进制码元所用二进制码元表示的位数)个二进制码元表示,传输一个 M 进制码元相当于传输了 $\log_2 M$ 个二进制码元,其信息速率与码元速率的关系是

$$R_b = R_B \log_2 M \quad (bit/s)$$

对于不同进制通信系统来说，码元速率高的通信系统其信息速率不一定高。在对它们的传输速度进行比较时，不能直接比较码元速率，需将码元速率换算成信息速率后再进行比较。

（3）系统频带利用率

频带利用率是一个系统效率的指标。在比较两个通信系统的有效性时，仅从传输速率上衡量是不够的，还应衡量系统所占用频带的大小。香农定理指出通信系统的频带宽度是影响信息传输率的重要因素。衡量系统效率的另一个指标是系统频带利用率 η。通信系统的频带利用率 η 定义为每赫兹频带、每秒传输的信息量，单位为比特/(秒·赫兹)，或记为 bit/(s·Hz)。不同的调制方式具有不同的频带利用率，如二进制振幅调制系统频带利用率为 1/2。系统的频带利用率越高，其效率越高，有效性越好。

$$\eta = \frac{信息传输率}{频带宽度} = \frac{bit/s}{Hz} = bit/(s \cdot Hz)$$

2. 数字通信系统的可靠性

由于数字通信系统中存在干扰或受到系统传输特性的限制，系统接收端接收到的数字码元可能会发生错误，而使传输的信息发生错误。数字通信系统的可靠性主要用误码率 P_e 和误信率 P_b 来衡量。

（1）误码率 P_e

误码率 P_e 是指通信过程中，通信系统传输错误码元的数量与所传输的总码元数量之比，也就是传错码元的概率，即

$$P_e = \frac{差错码元数}{传输码元总数}$$

（2）误信率 P_b

误信率 P_b 又称误信息率、误比特率，是指错误接收的信息量与传输的总信息量的比值，即

$$P_b = \frac{错误信息的比特数}{传输的总比特数}$$

在二进制通信系统中有

$$P_e = P_b$$

通信系统中存在误码是不可避免的。不同的应用场合对误码率的要求也不一样，如语音通信对误码率的要求低些，而计算机通信中对可靠性要求高一些。

1.4　信号、信道与噪声

通信系统中信息是不能直接传输的，只有将信息变成电信号才能在通信系统中传输。信息被载荷在电信号之中，所以信号就可以看做是运载信息的工具。信号可分成确知信号和未确知信号两大类：确知信号的所有参量都是确知的；未确知信号的参量全部或部分存在某种程度的不确定性。未确知信号的参量是随机变化的，所以又称为随机信号。随机信号很难用数学式表达，但有些随机信号具有某种较强的统计规律性，只要通过足够长的时间观察，就能预知其未来状态或值。信道噪声就是这种类型的随机信号。

信道是信号的传输通道。信道的特性对信号的传输有很大影响。为了减小信道特性对信号传输的影响，就要对信号的形式加以选择，使其适合在信道中传输。

1.4.1　信号

信号是信息的载体,它利用物理量的变化携带信息。信号可以分为确知信号和随机信号。如果信号是一个确定的时间函数,这种信号就称为确定信号,如正弦信号、方波信号。如果信号具有不确定性,这种信号就称为随机信号。随机信号不能给出确定的时间函数,只能用概率统计的方法来描述。在通信系统中,信道噪声就是这种类型的随机信号。

信号按不同的角度分析,可以分为周期信号和非周期信号,连续时间信号和离散时间信号,能量信号和功率信号等。

为了更直观地表示一个信号中包含有哪些频率分量及各分量所占的比重,可画出振幅、相位随频率变化的曲线,称其为频谱图。周期信号可以用傅里叶级数展开,非周期信号可以用傅里叶积分式展开。

例 1-1　周期性矩形脉冲信号如图 1-6(a)所示。它的周期为 T,脉冲持续时间为 τ,幅度为 E,其表达式为

$$f(t)=\begin{cases} E & nT-\dfrac{\tau}{2}\leqslant t\leqslant nT+\dfrac{\tau}{2} \\ 0 & nT+\dfrac{\tau}{2}<t<(n+1)T-\dfrac{\tau}{2} \end{cases}$$

这个信号可以展开成傅里叶级数,其中含有直流分量 A_0 和各次谐波分量。其频谱如图 1-6(b)所示。

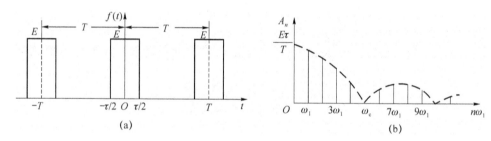

图 1-6　周期性矩形脉冲信号频谱图

例 1-2　非周期性矩形脉冲信号如图 1-7(a)所示,其表达式为

$$f(t)=\begin{cases} A & |t|\leqslant\dfrac{\tau}{2} \\ 0 & |t|>\dfrac{\tau}{2} \end{cases}$$

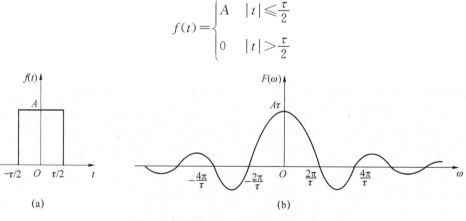

图 1-7　非周期性矩形脉冲信号频谱图

查傅里叶变换表,可求出 $F(\omega)=A\tau\mathrm{Sa}\left(\dfrac{\omega\tau}{2}\right)$,式中 $\mathrm{Sa}\left(\dfrac{\omega\tau}{2}\right)=\dfrac{\sin\dfrac{\omega\tau}{2}}{\dfrac{\omega\tau}{2}}$ 称为抽样函数,图形如图 1-7(b)所示。

从图 1-7 中可以看出,单个的矩形脉冲,它所包含的频率成分是 $0\to\infty$,它的频谱是连续的。它的频谱中第一个零点是在 $\omega=\dfrac{2\pi}{\tau}$ 处,可以认为它所占有的频带宽度为 $\dfrac{2\pi}{\tau}$。脉冲宽度 τ 对频带宽度影响很大,τ 越窄,所占的频宽越大。

周期性信号的频谱具有离散性、谐波性和收敛性。非周期性信号频谱是连续的频谱,也具有收敛性。

1.4.2 信道的定义与分类

1. 狭义信道和广义信道

信道是信号的传输媒介,是信号的传输通路。通常将信道分为狭义信道和广义信道。狭义信道只包括传输媒介。狭义信道可以分为两类:有线信道和无线信道。有线信道包括明线、对称电缆、同轴电缆及光缆等,有线信道也称实线信道;无线信道包括地波传播、短波电离层反射、超短波或微波视距中继、人造卫星中继以及各种散射信道等。

从消息传输的观点来看,信号的发送、传输、接收和噪声问题都与消息传输有关。因此,信道的范围可以扩大到传输媒质之外,应包括有关的变换装置(发送设备、接收设备、馈线与天线、调制器、解调器、编码器、解码器等)。扩大范围的信道称为广义信道。在讨论通信的一般原理时,采用广义信道,简称信道。狭义信道是广义信道的重要组成部分,通信效果的好坏在很大程度上依赖于狭义信道的特性。

广义信道是从信号传输的观点出发,可按信号在信道传输过程中对信号加工处理方法来划分信道。按照对信号处理的方法划分,广义信道可以分为调制信道和编码信道。

2. 调制信道和编码信道

在模拟通信系统中主要研究调制与解调的基本原理,其传输信道可以用调制信道来定义。调制信道的范围从调制器的输出端至解调器的输入端,如图 1-8 所示。调制信道中包含的所有部件和传输媒质,实现了把已调信号由调制器输出端传输到解调器输入端的作用。因此可以把它看做是传输已调信号的一个整体,称为调制信道。

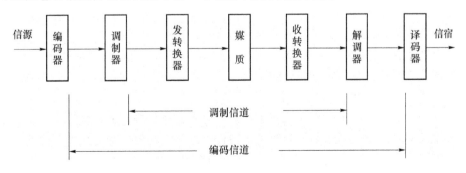

图 1-8 调制信道与编码信道

在数字通信系统中，编码器是把信源所产生的消息信号转换为数字信号；解码器则是把数字信号恢复成原来的消息信号；而编码器输出端至解码器输入端之间的所有部件仅仅起到了传输数字信号的作用，所以可以把它看做是传输数字信号的一个整体，称为编码信道。

3. 恒参信道和变参信道

按信道的参数分类，可分为恒参信道和变参信道。

表征信道特征的电气参数有很多，如特性阻抗、衰减频率特性、相移（时延）频率特性、电平波动、频率漂移、相位抖动等。如果这些参数变化量极微、变化速度极缓慢，这种信道就称为恒参信道，如双绞线、同轴电缆、光纤、长波无线信道都可以认为是恒参信道。若这些参数随时间变化较快、变化量较大，这种信道就称为变参信道，如短波信道、超短波信道、微波信道。无线信道由于电离层的变化和对流层的变化，而引起信道参数的变化。

恒参信道对信号传输的影响是确定的或者是变化极其缓慢的。恒参信道可等效为线性网络。由于实际的信道特性不理想，将产生两种失真：幅度-频率失真和相位-频率失真。它们是损害信号传输特性的重要因素，通常采用均衡措施补偿。

变参信道特性复杂，对信号的影响也严重得多。其传输媒质具有 3 个特点：对信号的衰耗随时间而变；传输的时延随时间而变；多径传播。其中多径传播对信号传输的影响最大。对信号传输的影响有一般衰落和频率选择性衰落。

1.4.3　信道噪声

信道中的噪声是客观存在的。这里所说的噪声是噪声和干扰的总称。噪声的存在直接影响信号在信道中的传输质量。因此，对信道噪声的讨论是十分必要的，这可以使我们能设法降低信道噪声对传输信号的影响。

信道噪声有加性噪声和乘性噪声两大类。加性噪声与有用信号毫无关系，它是不管有用信号的有无而独立存在的。它的危害是不可避免的。乘性噪声是依赖于有用信号存在与否的一种干扰，它与系统的特性有关，与有用信号相伴而生，是乘法关系。它是随机变化的，是时间的复杂函数。对乘性噪声进行具体描述是相当复杂的。

信道中的加性噪声的来源是多方面的。有人为干扰和工业干扰所产生的噪声。加性噪声主要来源于各种用途的无线电发射机，其特点是作用的频率范围较广，从甚低频至特高频频段；其强度与干扰源的功率、距离以及与被干扰信号频率的接近程度有关。这种干扰可采取一些措施来避免或减小。工业干扰是指工业电力系统所产生的电磁干扰或电火花干扰，如电气开关产生的电火花、电车或电气铁道、高频电炉、高压电力线所产生的干扰。它的特点是集中在低频段，可以采用屏蔽、滤波等措施来消除或减弱。

还有自然干扰，或称天电干扰，如闪电、大气中的电爆、宇宙射线、太阳黑子的活动等。这类干扰的特点是频带相当宽，而且随季节、年份和地球上的地理位置变化等各种因素而变化。自然干扰较难预防。

通信系统内部产生的干扰也是不容忽视的。它包括系统内部的元部件中自由电子的热运动所产生的热噪声，电子管、晶体管等电子器件中载流子发射不均匀而产生的散弹效应所造成的散弹噪声，以及电源设备滤波不良而产生的交流干扰等。

在这些噪声中，有些噪声有确定的规律，如接触不良、电源交流声、自激振荡、各种谐波干扰等，可以采取措施加以消除。有些噪声则是不可预测的，具有随机性，这类噪声统称为随机噪声。

常见的随机噪声有单频噪声、脉冲噪声和起伏噪声。

单频噪声是一种连续波的干扰,如无线电台的干扰、电源的哼声、反馈系统的自激振荡等。这种干扰可看做是一个正弦波,其频率、相位和幅度都是无法预知的。但其干扰频率可以实测确定,采用适当措施有可能防止或削弱其影响。

脉冲噪声如工业中的电火花、空中的闪电等产生的噪声。这类噪声的主要特点是具有较强的突发性,波形是脉冲性质,干扰时间较短,但其脉冲幅度大,占据频带很宽。但频率愈高,频谱成分愈小,干扰影响也愈小,因而可适当地选择工作频段,避开其干扰。

起伏噪声是一些具有起伏变化的噪声。这类噪声的特点是普遍存在和不可避免的,它是通信系统中最基本的噪声来源。

热噪声、散弹噪声、宇宙噪声等都属于起伏噪声。由于它的随机性质,只能从大量的统计中得到它的统计特性。这种噪声在相当宽的频率范围内具有平坦的功率密度谱。这一点和白噪声极为相似。

1.5 信 道 容 量

信息是通过通信系统的信道传输的,信道的带宽一般是受到限制的,传输的信号功率也受到限制,信道存在噪声的干扰,这时信道的传输能力也受到限制。香农(Shannon)在信息论中对信息在信道传输中的传输率做出解释,这就是著名的信道容量公式,又称香农公式。

$$C = B\log_2\left(1+\frac{S}{N}\right) \quad (\text{bit/s})$$

式中,C 是信道容量,是指信道可能传输的最大信息速率,它是信道能够达到的最大传输能力;B 是信道频带带宽;S 是信号的平均功率;N 是白噪声的平均功率;S/N 是信噪比。

香农公式主要讨论了信道容量、频带宽度和信噪比之间的关系,是信息传输中非常重要的公式,是目前通信系统设计和性能分析的理论基础。

由香农公式可得到如下结论。

(1) 在给定 B、S/N 时,信道的极限传输能力 C 即确定。

(2) 在信道容量 C 一定时,带宽 B 和信噪比 S/N 之间可以互相调整。

(3) 增加信道带宽 B 并不能无限制地增大信道容量。当信道噪声为高斯白噪声时,随着带宽 B 的增加,噪声功率 $N=n_0 B$(n_0 为单边噪声功率谱密度)也增大,在极限情况下

$$\lim_{B\to\infty} C = 1.44\frac{S}{n_0}$$

可见,即使信道带宽无限大,噪声功率也增大,信道容量仍然是有限的。

(4) 信道容量 C 是信道传输的极限速率时,由于 $C=\dfrac{I}{T}$,I 为信息量,T 为传输时间,根据香农公式

$$C=\frac{I}{T}=B\log_2\left(1+\frac{S}{N}\right)$$

所以

$$I = BT\log_2\left(1 + \frac{S}{N}\right)$$

由上式可见,在给定 C 和 S/N 的情况下,带宽 B 与时间 T 也可以互相调整。

通常,把实现了极限信息速率传输且能获得极小差错率的通信系统,称为理想通信系统。香农定理只证明了理想系统的"存在性",却没有指出这种通信系统的实现方法。因此,理想通信系统通常只能作为实际系统的理论界限。另外,上述讨论都是在信道噪声为高斯白噪声的前提下进行的,对于其他类型的噪声,需要对香农公式加以修正。

小　结

通信系统包括信源、发送设备、信道、接收设备、信宿。在发送端信源将消息转化为原始电信号,在接收端信宿将原始的电信号还原为消息。

信号是信息的载体。信号可以分为周期信号和非周期信号,连续时间信号和离散时间信号,能量信号和功率信号等。周期信号的频谱具有离散性、谐波性和收敛性。非周期信号的频谱是连续的,也具有收敛性。

信道是信号的传输通路。信道的噪声有加性噪声和乘性噪声。加性噪声特点是频率范围宽。乘性噪声是依赖于有用信号的存在而存在,是由于传输参数的变化而使传输信号受到干扰造成的噪声。恒参信道对信号传输的影响是幅度-频率失真和相位-频率失真。变参信道对信号传输的影响有一般衰落和频率选择性衰落。

香农公式主要讨论了信道容量、频带宽度和信噪比之间的关系,是信息传输中非常重要的公式,是目前通信系统设计和性能分析的理论基础。

思　考　题

1. 什么是模拟通信?什么是数字通信?数字通信有哪些优缺点?

2. 模拟通信和数字通信系统模型中的各主要组成部分功能是什么?

3. 调制信道与编码信道有何区别?

4. 周期矩形脉冲信号的频谱有何特点?τ 和 T 的比值对频谱有何影响?当 $\tau/T = \dfrac{1}{2}$ 时,频谱中有何特点?

5. 一个信道每秒传输 1 200 个码元,如采用二进制信号传输,其信息传输率为多少?如采用四进制信号传输,其信息传输率为多少?

6. 一个通信系统传输的信息量为 24 000 bit/s,采用四进制码元传输和采用八进制码元传输,其码元速率各为多少?

7. 信道如何分类?

8. 信道信息传输率与哪些因素有关?

9. 什么叫加性噪声?什么叫乘性噪声?并举例说明。

第 2 章 模拟调制系统

传输模拟信号的通信系统称为模拟通信系统。

从语音、音乐、图像等信息源直接转换得到的电信号是频率很低的电信号,其频谱特点是包括(或不包括)直流分量的低通频谱,其最高频率和最低频率之比远大于 1。例如,电话信号的频率范围在 300～3 400 Hz,称这种信号为基带信号。基带信号可以直接在有线信道中传输,但不可能在无线信道中直接传输。即使可以在有线信道中直接传输,但一对线路上只能传输一路信号,对信道的利用是很不经济的。为了使基带信号能够在像无线信道那样的频带信道中传输,同时也为了使有线信道上同时传输多路基带信号,就需要采用调制和解调技术。

在发送端把基带信号频谱搬移到给定信道通带内的过程称为调制,而在接收端把已搬移到给定信道通带内的频谱还原为基带信号的过程称为解调。调制和解调在一个通信系统中总是同时出现的,因此往往把调制和解调系统称为调制系统或调制方式。调制和解调在通信系统中是一个极为重要的组成部分,采用什么样的调制与解调方式将直接影响通信系统的性能。本章重点讨论模拟通信系统中的调制与解调技术。

2.1 调制的作用和分类

2.1.1 调制的作用

调制的实质是频谱搬移,其作用和目的如下。

(1) 把基带信号频谱搬移到一定的频带范围,以适应信道的要求。

(2) 容易辐射。为了充分发挥天线的辐射能力,一般要求天线的尺寸和发射信号的波长在同一个数量级。例如,常用天线的长度为 1/4 波长,如果把基带信号直接通过天线发射,那么天线的长度将为几十至几百千米的量级,显然这样的天线是无法实现的。因此为了使天线容易辐射,一般都把基带信号调制到较高的频率(一般调制到几百千赫兹到几百兆赫兹,甚至更高的频率)。

(3) 实现频率分配。为使各个无线电台发出的信号互不干扰,每个电台都被分配给不同的频率,这样利用调制技术把各种话音、音乐、图像等基带信号调制到不同的载频上,以便用户任意选择各个电台,收看、收听所需节目。

(4) 实现多路复用。如果信道的通带较宽,可以用一个信道传输多个基带信号。只要把基带信号分别调制到相邻的载波上,然后将它们一起送入信道传输即可。这种载频域上实现的多路复用称为频分复用。

（5）减少噪声和干扰的影响,提高系统抗干扰能力。噪声和干扰的影响不可能完全消除,但是可以通过选择适当的调制方式来减少它们的影响,不同的调制方式具有不同的抗噪声性能。例如,利用调制使已调信号的传输带宽远大于基带信号的带宽,用增加带宽的方法换取噪声影响的减少,这是通信系统设计的一个重要内容。调频信号的传输带宽比调幅信号的传输带宽要宽得多,结果提高了输出信噪比,减少了噪声的影响。

2.1.2 调制的基本特征和分类

调制的实质是进行频谱变换,把携带消息的基带信号的频谱搬移到较高的频率范围。

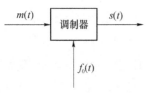

图 2-1 调制器模型

经过调制后的已调波应该具有两个基本特性:一是仍然携带有消息;二是适合于信道传输。调制的模型可以用图 2-1所示的非线性网络来表示,其中 $m(t)$ 为调制信号,$f_0(t)$ 为载波信号,$s(t)$ 为已调信号。

根据不同的 $m(t)$、$f_0(t)$ 和不同的调制器功能,可将调制分类如下。

（1）按调制信号 $m(t)$ 的不同可分为:

① 模拟调制——$m(t)$ 为模拟信号,$f_0(t)$ 为正弦信号;

② 数字调制——$m(t)$ 为数字信号,$f_0(t)$ 为正弦信号。

（2）按载波信号 $f_0(t)$ 的不同可分为:

① 连续载波调制——载波信号 $f_0(t)$ 为连续波形,通常为正弦波;

② 脉冲载波调制——载波信号 $f_0(t)$ 为脉冲波形,通常为矩形脉冲序列。

（3）按调制器的功能不同可分为:

① 幅度调制——调制信号 $m(t)$ 改变载波信号 $f_0(t)$ 的幅度参数;

② 频率调制——调制信号 $m(t)$ 改变载波信号 $f_0(t)$ 的频率参数;

③ 相位调制——调制信号 $m(t)$ 改变载波信号 $f_0(t)$ 的相位参数。

（4）按调制器的传输函数不同可分为:

① 线性调制——输出已调信号的频谱与输入基带信号的频谱之间是线性关系,即仅仅是频谱的平移和线性变换;

② 非线性调制——输出已调信号的频谱与输入基带信号的频谱之间无线性对应关系,即在输出端已调信号的频谱已不再是原来基带信号的谱形。

2.2 幅 度 调 制

幅度调制是用调制信号去控制正弦载波的振幅,使其按调制信号作线性变化的过程。实现方法是通过一个乘法器使调制信号 $m(t)$ 与载波信号 $f_0(t)$ 相乘,然后加以适当的处理来实现,如图 2-2 所示,这样就可将低频信号变换成高频信号而发送出去。图 2-2 称为调制器的一般模型,在该模型中适当选择滤波器的特性,便可以得到各种幅度调制信号,如调幅、双边带、单边带及残留边带信号等。

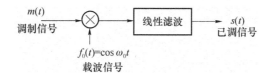

图 2-2　幅度调制

对于幅度调制信号,在波形上,它的幅度随基带信号规律而变化;在频谱结构上,它的频谱完全是基带信号频谱结构在频域内的简单搬移,由于这种搬移是线性的,因此幅度调制通常又称为线性调制。但应注意的是,这里的"线性"并不意味已调信号与调制信号之间符合线性关系。事实上,任何调制过程都是一种非线性的变换过程。

2.2.1　常规双边带调幅

常规双边带调幅就是使已调信号的包络与输入调制信号呈线性关系,简称为调幅(AM)。其已调波的表达式为

$$s_{AM}(t) = m(t)\cos(\omega_0 t + \varphi_0)$$

式中,$m(t) = A_0 + f(t)$,$m(t)$ 是输入的基带信号(调制信号),A_0 是输入的调制信号 $m(t)$ 中的直流分量,$f(t)$ 是输入的调制信号的交流分量,ω_0 为载波信号的角频率,φ_0 为载波信号的初相角。

从图 2-3 中可以看出,$f_0(t)$ 的波形的幅度受 $m(t)$ 控制,而输出已调波 $s_{AM}(t)$。从图形中可看出,$s_{AM}(t)$ 波形的包络与调制信号 $m(t)$ 中的交流分量 $f(t)$ 呈线性关系,与直流分量 A_0 的大小也有一定的比例关系:当 $A_0 > |f(t)|_{max}$ 时,调幅波的上下包络都能保持完整的与 $f(t)$ 相似的波形;当 A_0 减小时,如图 2-4(b)所示,调幅波的包络就与 $f(t)$ 不相同而产生过调制失真。所以幅度调制的不失真条件是

$$A_0 > |f(t)|_{max}$$

实现常规调幅主要运用加法器和乘法器,给输入信号增加一个直流分量构成 $m(t)$,与载波信号 $f_0(t)$ 相乘而得到已调信号 $s_{AM}(t)$,如图 2-4(c)所示。

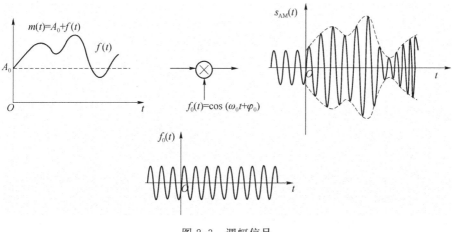

图 2-3　调幅信号

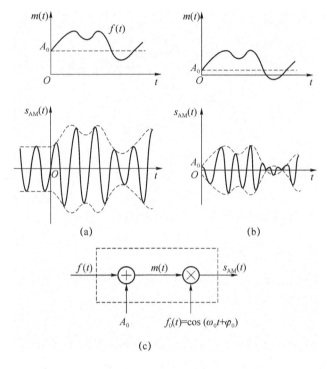

图 2-4　AM 调制

设 $|f(t)|_{\max}=A_{m}$，即调制信号的最大值为 A_{m}。

令 $\beta_{AM}=\dfrac{A_{m}}{A_{0}}\leqslant 1$，称调幅指数，要求调幅指数不能大于 1。

从图 2-3 中可看出，已调波 $s_{AM}(t)$ 的波形就好像将调制信号 $f(t)$ 装载于载波信号 $f_{0}(t)$ 之上进行传输；$f_{0}(t)$ 相当一个车辆，而 $f(t)$ 相当于装载在车辆上的货物而被运出。

因此，在已调波 $s_{AM}(t)$ 的频谱中，必然要有载波信号 $f_{0}(t)$ 的频谱。$f_{0}(t)$ 是一个余弦信号，属于周期信号，其频谱必然是一个离散的谱线，常用冲激函数来表示，其位置在 $\omega=\omega_{0}$ 处，其强度为 πA_{0}。除此之外，还有 $f(t)$ 的频谱，它是一个非周期信号，如话音的模拟信号。它的频谱是连续的，用频谱函数 $F(\omega)$ 来表示。为了分析方便，这种频谱常采用双边频谱的方式表示，如图 2-5(a) 所示。

在 $F(\omega)$ 中表明了 $f(t)$ 信号是由无穷多的正弦信号组成的，其频率成分为 $0\sim\omega_{m}$，各频率成分的相对大小由 $F(\omega)$ 的幅度来表示。图 2-5(a) 中 $\omega<0$ 部分是无实际意义的，只有数学意义。

已调信号 $s_{AM}(t)$ 的频谱 $S_{AM}(\omega)$ 实质上就好像将货物装在车厢里，此时货物的运动速度就与车厢的运动速度一样了。所以，$S_{AM}(\omega)$ 的频谱就是将 $F(\omega)$ 的频谱搬移到载波信号 $f(t)$ 的频谱 $\omega=\omega_{0}$ 处。从图 2-5 中可看出，$F(\omega)$ 相当于由 $\omega=0$ 处平移至 $\omega=\omega_{0}$ 处。此时，在 $F(\omega)$ 中的 $0\sim-\omega_{m}$ 部分就变成了 $\omega_{0}\sim\omega_{0}-\omega_{m}$ 部分。这一部分在这种情况下就有了实际意义，将它称为下边带，而 $\omega_{0}\sim\omega_{0}+\omega_{m}$ 部分就称为上边带。下边带用 LSB 表示，上边带用 USB 表示。图 2-5 为双边频谱，负频率一侧仍无实际意义，只是数学推演而得出的。

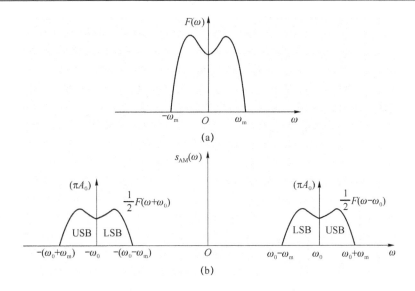

图 2-5　AM 信号频谱

由图 2-5 可看出，$S_{AM}(\omega)$ 的频谱由以下 3 部分组成。

（1）位于 $-\omega_0$ 和 $+\omega_0$ 处两个载频分量合成的载频频谱是一个冲激函数，其强度为 πA_0；

（2）位于 $-\omega_0$ 和 $+\omega_0$ 处的上边带 USB 分量合成的上边带频谱；

（3）位于 $-\omega_0$ 和 $+\omega_0$ 处的下边带 LSB 分量合成的下边带频谱。

从频谱图中可看出，调幅波的频谱与原调制信号的频谱形状完全一样，仅仅将频谱图搬移至载频的位置，调幅波的频谱带宽增加了一倍，即 $W_{AM}=2\omega_m$。

调幅信号的功率是载波分量功率 P_C 和边带分量功率 P_S 之和。载波分量没有携带任何信息，所以这部分功率是无用的，而边带分量载荷了全部信息，所以它的功率是有用功率。

为了表征调幅波的功率利用度，将调幅波的边带功率（有用功率）与总功率之比定义为调幅波效率 η_{AM}：

$$\eta_{AM}=\frac{P_S}{P_C+P_S}$$

为了不产生过调制现象，则要求 $|f(t)|_{\max}\leqslant A_0$，而载波分量是由 A_0 造成的，边带分量是由 $f(t)$ 造成的，所以调幅波方式最高调制效率为 50%。

2.2.2　抑载双边带调制

为了提高调制效率，往往将载波分量抑制掉，这就是抑载双边带调制。从上面的分析中可知，载频分量的出现，就是由于输入的调制信号 $m(t)$ 中包含直流分量 A_0。为此，将 A_0 直流分量去掉，直接由 $f(t)$ 信号去调制载波信号 $f_0(t)$ 的幅度，就形成了抑载双边带调制。常用 DSB/SC 表示抑载双边带调制，有时可简写成 DSB。DSB 信号实质上就是 $f(t)$ 与载波 $f_0(t)$ 相乘，即

$$s_{DSB}(t)=f(t)\cos\omega_0 t$$

其波形如图 2-6(b)所示。

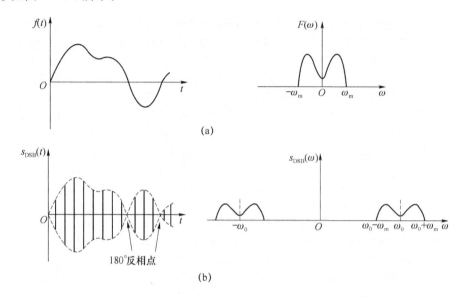

图 2-6 $s_{DSB}(t)$ 波形和它的频谱 $S_{DSB}(\omega)$

由于 $f(t)$ 中无直流分量,因此使调幅信号的包络图形并不与调制信号 $f(t)$ 呈线性关系,而是随 $|f(t)|$ 而变化。$|f(t)|$ 是 $f(t)$ 信号的绝对值,所以在信号 $f(t)$ 过零点处,相位要发生 $180°$ 突变。这就是因为已调波中载频分量被抑制,而使波形相位上表现出不连续。由于 DSB 信号的包络只是 $f(t)$ 的绝对值,所以在包络中并不包含 $f(t)$ 的全部信息。

DSB 信号的频谱示于图 2-6 中,实质上仍是将调制信号的频谱 $F(\omega)$ 搬移至 ω_0 处,大于 ω_0 部分为上边带,小于 ω_0 部分为下边带,与 AM 信号不同的是无载波分量。因而其频谱宽度 $W_{DSB} = 2\omega_m$。

DSB 信号的平均功率等于其边带功率,即 $P_{DSB} = P_S$,其调幅波效率 $\eta_{DSB} = 1$ 或 100%。

2.2.3 单边带调制

双边带调幅信号所需的传输频带是调制信号带宽的两倍,上边带和下边带都携带基带信号的全部信息。从信息传输角度来看,只需传送上边带或下边带中的任何一个即可,这样还能减少传输的频带。

单边带调制(SSB)就是只传输一个边带的方式。它的优点就是比双边带传输方式节省了一半的传输频带宽度,从而提高了信道的利用率。

产生单边带信号的方法可用滤波法。

滤波法是在双边带调制后接一个边带滤波器,只许有用的边带通过,而使"无用"的边带被滤除。在图 2-7 中,单边带滤波器的特性是一个理想滤波特性。如果要保留上边带,则取高通滤波器,如图 2-7(c)所示。单边带信号的频谱如图 2-7(d)所示。若保留下边带,则采用低通滤波器,如图 2-7(e)所示,其频谱如图 2-7(f)所示。

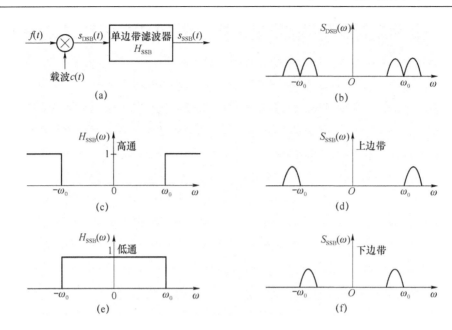

图 2-7 产生 SSB 信号滤波法

2.2.4 残留边带调制

这种调制方式的提出主要是为了解决滤波器制作上的困难。在用滤波法产生单边带信号时,需要有陡峭的截止特性的滤波器,这样的滤波器制作起来是十分困难的。为了解决这一矛盾,提出了残留边带调制(VSB)。

残留边带调制是介于单边带调制与抑制载波双边带调制之间的一种调制方式。在残留边带调制中除了传一个边带外,还保留另外一个边带的一部分。

一个实际的滤波器,它的频率特性从通带到阻带,在有限的频率区域内有一个"滚降"过程。残留边带调制就是利用这一点,对其滚降特性加以适当地控制,使其在有用边带中滤掉的部分与无用边带中保留的部分相互补偿,从而得到不失真的传输效果。

图 2-8 表示一个滚降特性适合要求的残留边带滤波器的幅频特性 $H_{VSB}(\omega)$。图 2-8(a)表示高通滤波器的幅频特性,它可以使上边带几乎全部通过,对下边带只允许部分通过。图 2-8(b)表示低通滤波器的幅频特性,它可以使下边带几乎全部通过,而上边带则只有部分通过。这种滤波器的幅频特性的特点是在 ω_0 处 $|H_{VSB}(\omega)|=\dfrac{1}{2}$ 电平点上,滚降特性具有奇对称性,即互补对称特性。

用滤波法产生残留边带的方框图示于图 2-9(a)。其中平衡调制器实质上就是一个乘法器,产生双边带信号,残留边带滤波器从双边带信号中过滤出残留边带信号。信号 $f(t)$ 经平衡调制器调制载波信号,变成双边带信号 $s_{DSB}(t)$,其频谱如图 2-9(b)所示,送入滤波器。若滤波器是高通滤波器,则滤波后,信号就变成保留上边带的残留边带信号 $s_{VSB}(t)$,其频谱图如图 2-9(c)所示。若滤波器是低通滤波器,其输出信号就是保留下边带的残留边带信号 $s_{VSB}(t)$,其频谱图如图 2-9(d)所示。这些信号的频谱图的特点是,在载频 $|\omega_0|$ 附近应滤除的边带没有完全滤掉,而残留一小部分,这一小部分正好补偿传送边带在 $|\omega_0|$ 附近受

到的衰减。因此残留边带信号完整地保留了信号 $f(t)$ 频谱的信息,经解调后能够无失真地恢复原信号 $f(t)$。

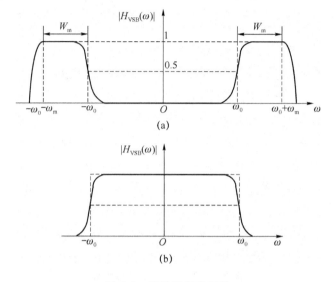

图 2-8　滤波器传递函数

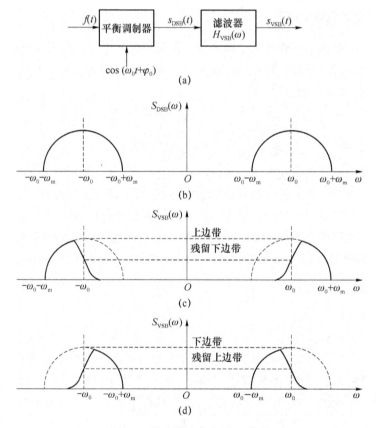

图 2-9　用滤波法产生 VSB 信号

2.3　线性调幅信号的解调

解调是接收端从收到的已调信号中，无失真地恢复原来的调制信号。对于线性调制系统来说，解调的方法有很多种，但从提取调制信息的基本原理来划分就只有相干解调和非相干解调两大类。相干解调是从已调波的幅度变化或相位变化中提取调制信号，而非相干解调则只是从已调波的幅度变化中提取调制信号。

前面讲的调制过程，实质上是一个频谱搬移过程，它是将调制信号的频谱搬移到载波频率的位置上来。而解调恰与此相反，它要将位于载频位置上的已调信号的频谱搬回来，以恢复调制信号。所以调制和解调都是起到完成频率变换的作用。

线性调制器的模型由一个乘法器和一个滤波器组成，而解调器同样可由一个乘法器和一个滤波器组成。

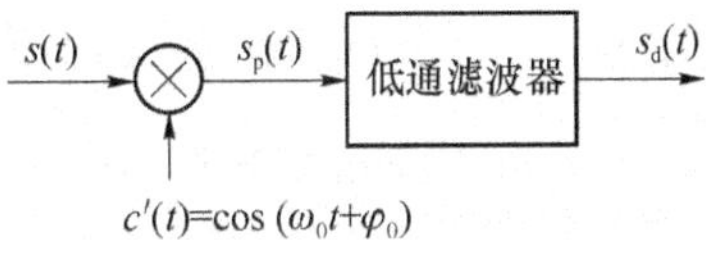

图 2-10　相干解调器模型

对于相干解调的一般模型如图 2-10 所示。相干解调的本地载波必须与发端的载波要同频、同相，正由于这一点才称之为相干解调或同步解调。

相干解调的原理是基于余弦函数的平方可分解成一个常数项和一个倍频项，通过低通滤波器将倍频项滤除，而只剩下常数项，这样就可取出调制信号。

$s(t)$ 是发端送来的已调信号

$$s(t)=f(t)\cos(\omega_0 t+\varphi_0)$$

而本地载频信号 $c'(t)$ 则要求它和 $s(t)$ 同频、同相，即

$$c'(t)=\cos(\omega_0 t+\varphi_0)$$

两者经乘法器相乘后，即得一个平方项，即

$$\begin{aligned} s_p(t)&=f(t)\cos^2(\omega_0 t+\varphi_0)\\ &=\frac{1}{2}f(t)[1+\cos 2(\omega_0 t+\varphi_0)]\\ &=\frac{1}{2}f(t)+\frac{1}{2}f(t)\cos 2(\omega_0 t+\varphi_0) \end{aligned}$$

通过低通滤波器后，将第二项的 $2\omega_0$ 的分量滤除，而输出 $s_d(t)=\frac{1}{2}f(t)$。

2.3.1　常规调幅信号的相干解调

对于常规调幅信号的相干解调，与上述方法一样，即将发端送来的已调信号与本地载波信号相乘，经滤波器后得到原调制信号 $f(t)$。

已调信号

$$s_{AM}(t)=[A_0+f(t)]\cos(\omega_0 t+\varphi_0)$$

在接收端对其解调时，与本地载波信号 $f_0(t)=\cos(\omega_0 t+\varphi_0)$ 相乘，而得出

$$\begin{aligned} s_p(t)&=[A_0+f(t)]\cos^2(\omega_0 t+\varphi_0)\\ &=\frac{1}{2}A_0+\frac{1}{2}f(t)+\frac{1}{2}[A_0+f(t)]\cos(2\omega_0 t+2\varphi_0) \end{aligned}$$

如果低通滤波器截止频率 $\omega_c \geqslant \omega_m$，$\omega_m$ 是信号 $f(t)$ 的最高频率，$\omega_m \ll \omega_0$，则低通滤波器的输出为

$$s_d(t) = \frac{1}{2}\left[A_0 + f(t)\right]$$

这就是原调制信号，幅度减小二分之一。

2.3.2　抑载双边带信号的相干解调

抑载双边带信号相干解调和常规调幅信号解调方法基本相同，只是直流分量 $A_0 = 0$。

$$s_p(t) = \frac{1}{2}f(t) + \frac{1}{2}f(t)\cos(2\omega_0 t + 2\varphi_0)$$

经过低通滤波器滤掉 $2\omega_0$ 边带分量，输出信号即为

$$s_d(t) = \frac{1}{2}f(t)$$

2.3.3　单边带信号的相干解调

单边带信号的相干解调，同样是已调信号 $s_{SSB}(t)$ 与本地载波信号 $c'(t)$ 相乘，两者要求同频和同相。解调的结果同样是频带搬移。搬移过程可通过图 2-11 来说明。

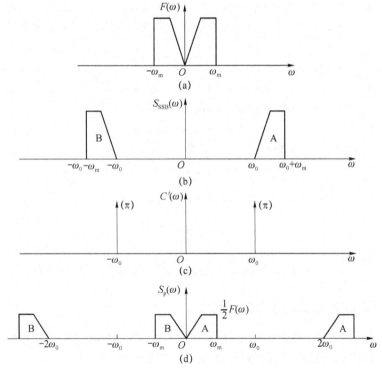

图 2-11　SSB 信号相干解调频谱

图 2-11(a)是调制信号 $f(t)$ 的频谱 $F(\omega)$，在发送端经调制后，其上边带 $s_{SSB}(t)$ 的频谱 $S_{SSB}(\omega)$ 如图 2-11(b)所示。A 和 B 均是它的上边带，本地载波信号 $c'(t)$ 的频谱如图 2-11(c)所示。当 $s_{SSB}(t) \cdot c'(t)$ 时，在频谱上就是将 $S_{SSB}(\omega)$ 的频谱分别搬移至 ω_0 和 $-\omega_0$ 处，即图 2-11(b)的原点移至图 2-11(c)中的 ω_0 处，使 A 移到 $2\omega_0$ 处，B 移到 O 处。当图 2-11(b)的原点移至图 2-11(c)$-\omega_0$ 处，其 A 移至 O 处，B 移到 $-2\omega_0$ 处，从而形成图 2-11(d)。由

于这一搬移而使频谱幅度下降一半,再经低通滤波器后,滤除±2ω₀ 分量,而剩下 $\frac{1}{2}F(\omega)$,恢复原调制信号 $\frac{1}{2}f(t)$。

2.3.4　残留边带信号的相干解调

调制信号为 $f(t)$,其频谱为 $F(\omega)$,如图 2-12(a)所示。已调信号 $s_{VSB}(t)$ 的频谱为 $S_{VSB}(\omega)$,如图 2-12(b)所示。本地载波信号 $c'(t)$ 的频谱为 $C'(\omega)$,为单频谱线,如图 2-12(c)所示。相干解调的乘法器输出为 $s_p(t)=s_{VSB}(t)\cdot c'(t)$,这本身就是频谱的搬移。其搬移过程就是将 $S_{VSB}(\omega)$ 搬移至 ω₀ 和 −ω₀ 处,而得出 $S_p(\omega)$ 的频谱,如图 2-12(d)所示。由于 $S_{VSB}(\omega)$ 的频谱在有边带内的亏损部分和无用边带内的残余部分互补,在解调后,才能使 $S_p(\omega)$ 的频谱在原点处互补而成为一个完好的 $F(\omega)$ 频谱,只是幅度为其原频谱幅度的四分之一。经低通滤波器滤除 2ω₀ 分量,而得到 $\frac{1}{4}F(\omega)$,从而得到原信号 $\frac{1}{4}f(t)$。

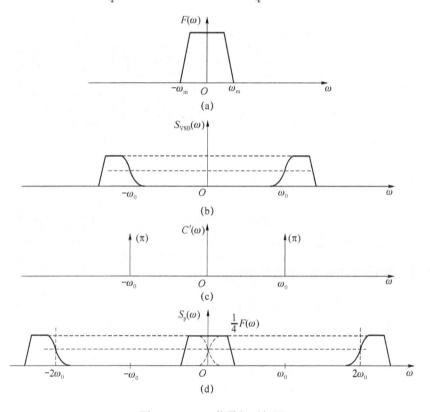

图 2-12　VSB 信号相干解调

2.4　线性调幅信号的非相干解调

2.4.1　常规调幅信号的包络解调

AM 信号的包络解调虽然抗噪声性能不如相干解调,但由于实现时电路简单,不需要同步载波,因而至今还在普通无线电广播接收机中应用。

包络解调是由检波器完成的。在图 2-13 中,二极管 VD 是一个非线性元件,当输入的 $s_{AM}(t)$ 信号为正时,二极管导通,电容 C 充电。由于充电时间常数很小,负载 RC 很快充电到输入信号电压的峰值。当输入信号幅度下降时,二极管左端电位低于右端电位,二极管处于反向偏置而截止,电容 C 通过 R 放电。由于 RC 时间常数很大,所以电容放电很慢,直到下一个正半周输入信号幅度大于电容器上电压时,二极管再一次开启,使 C 再一次快速充电到输入信号的峰值,然后二极管再截止,C 再次通过 R 缓慢放电,如此反复。只要 RC 时间常数选得恰当,即满足 $\omega_m \ll \dfrac{1}{RC} \ll \omega_0$ 的条件,则在 RC 上得到的便是跟随输入信号包络变化的电压。其输出信号 $s_d(t) = A_0 + f(t)$,A_0 为直流分量,$f(t)$ 为交流分量。从图 2-14 中可以看出检波器输出波形中有直流分量和交流分量(图中黑粗线所示),交流分量的波纹较大。为了去掉直流,在检波器后加一隔直流电容;为了去掉这些波纹,在检波器后再加一低通滤波器便可获得完好的原调制信号 $f(t)$。这一低通滤波器常称为平滑滤波器。

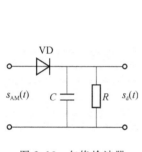

图 2-13 包络检波器

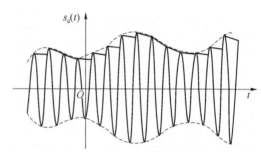

图 2-14 包络检波器输出波形

为了使信号无失真地得以恢复,要求 AM 信号中的直流分量大于信号中的最大值。只有这样才能不产生过调现象,即 $A_0 \geqslant |f(t)|_{max}$。

2.4.2 均值检波器解调 AM 信号

在图 2-15(a)所示检波器电路中,二极管 VD 作为一个整流器,对 $s_{AM}(t)$ 信号进行整流,其输出波形如图 2-15(b)所示。再经低通滤波器,滤除高频分量后,输出 $s_d(t)$ 信号

$$s_d(t) = \frac{1}{\pi}[A_0 + f(t)] = \frac{A_0}{\pi} + \frac{f(t)}{\pi}$$

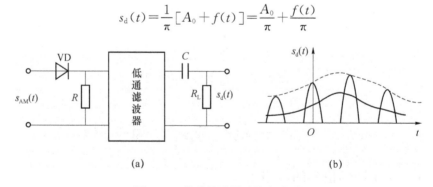

(a)   (b)

图 2-15 均值检波器及输出波形

为了去掉直流分量$\dfrac{A_0}{\pi}$,在滤波器后面加上一个隔直流的电容 C,使负载 R_L 上得到的信号是原调制信号 $s_{RL}(t)=\dfrac{1}{\pi}f(t)$。

2.4.3 抑载已调信号载波重新插入法解调

用包络检波器或均值检波器进行非相干解调时,都有一个前提条件,就是要求已调信号中含有大的载波分量,否则二极管 VD 即失去开关作用,均值检波器就不能正常工作。而抑载已调信号中恰好没有载波分量,因此,对这样的信号进行非相干解调时,必须对已调信号重新插入载波。这样仍然可以采用包络检波器或均值检波器等非相干解调方式解调。图 2-16 为载波重新插入法解调的数学模型。

图 2-16 载波重新插入法解调

插入载波 $\qquad\qquad c_d(t)=A_d\cos(\omega_0 t+\varphi_d)$

合成波 $\qquad\qquad s_s(t)=A_d\cos(\omega_0 t+\varphi_d)+f(t)\cos(\omega_0 t+\varphi_0)$

$$=A(t)\cos(\omega_0 t+\psi)$$

式中,$A(t)$ 为合成波的包络。当 $A_d\gg|f(t)|_{\max}$ 时,$A(t)\approx A_d+f(t)\cos(\varphi_0-\varphi_d)$,经包络检波后,输出 $s_d(t)\approx f(t)\cos(\varphi_0-\varphi_d)$。当 φ_0 和 φ_d 为恒值时,可得到满意的调制信号,只不过受到了一定的衰减。

这种方法对于双边带信号、单边带信号和残留边带信号都适用。在广播电视中为了使接收设备简化,采用了在发射时插入载波的方法。

2.4.4 线性调制系统的抗噪声性能

在通信系统中,噪声总是客观存在的。其中最常见的,也是最容易处理的是加性噪声。在调制系统中,由于加性干扰只对已调信号的接收产生影响,因而调制系统的抗噪声性能可以用解调器的抗噪声性能来衡量。在模拟调制系统中,通信质量常用解调器输出信噪比来衡量。输出信噪比定义为

$$S_o/N_o=\frac{解调器输出有用信号的平均功率}{解调器输出噪声的平均功率}$$

输出信噪比与调制方式有关,也与解调方式有关。因此,在已调信号平均功率相同,而且噪声功率谱密度也相同的情况下,输出信噪比反映了系统的抗噪声性能。

为了衡量解调器抗噪声性能,人们还常用信噪比增益来说明信噪比的改善程度。解调器信噪比增益 G 定义为输出信噪比与输入信噪比之比,其表示式为

$$G=\frac{S_o/N_o}{S_i/N_i}$$

式中

$$S_i/N_i=\frac{解调器输入已调信号的平均功率}{解调器输入噪声的平均功率}$$

对于双边带调制相干解调,信噪比增益

$$G_{DSB}=2$$

对于单边带调制相干解调,信噪比增益

$$G_{SSB} = 1$$

看起来,双边带抗噪声性能似乎优于单边带,其实不然。由于双边带调制时输入相干解调器的已调信号平均功率是单边带的两倍,因此上述信噪比增益是在不同输入信号功率情况下得到的。如果在相同输入信号功率、相同噪声功率密度、相同调制信号带宽的情况下进行比较,则它们的输出信噪比是相等的。因此,这两种调制的抗噪声性能是相同的,但双边带信号所占的传输频带比单边带信号所占的传输频带要宽两倍。

对于 AM 调制相干解调,信噪比增益总是小于或等于 1,显然其抗噪声性能较差。这是由于 AM 信号中含有载波分量 $A_0 \cos \omega_0 t$,它不携带任何信息,但其功率却要占总平均功率的一半以上,因而造成解调后输出信噪比下降,使信噪比增益减小,抗噪声性能下降。因此,在一般情况下,对 AM 信号很少采用相干解调。

对于线性调制系统非相干解调的抗噪声性能来说,主要是对 AM 信号的非相干解调,在大信噪比条件下,包络检波器的信噪比增益与相干解调器相同,表明这两种解调器具有相同的抗噪声性能。在小信噪比条件下,包络检波器将无法解调出小信号。

2.5　模拟角调制

角调制是对载波信号的瞬时相位进行调制。角调制可分为频率调制和相位调制。

角调制与前面所讲的线性调制不同,角调制中已调信号的频谱与调制信号的频谱之间不存在线性对应关系,在调制过程中出现了交叉调制或交叉乘积边带,因而呈现非线性过程的特征,故角调制又称为非线性调制。

2.5.1　角调制的基本概念

模拟信号是一个连续波,未调载波是一个连续的正弦信号,其表达式为

$$c(t) = A_0 \cos(\omega_0 t + \phi) \tag{2-2}$$

式中,A_0、ω_0、ϕ 是正弦信号的三要素:振幅、角频率(或频率)与初相位角(简称初相位)。这3个参数都可以用来携带信息而构成已调信号。对于正弦信号常可写成

$$c(t) = A_0 \cos \phi(t)$$

$\phi(t)$ 表示相位是随时间 t 而变化的,称为瞬时相位。当幅度 A_0 和角频率 ω_0 保持不变,而瞬时相位偏移是调制信号 $f(t)$ 的线性函数时,这种调制方式称为相位调制。此时,瞬时相位为

$$\phi(t) = \omega_0(t) + \phi_0 + K_{PM} f(t) \tag{2-3}$$

K_{PM} 称为相移常数,$K_{PM} f(t)$ 为瞬时相位偏移。这种已调信号称为调相信号(PM)。当初相 $\phi_0 = 0$ 时,已调信号可以表达为

$$s_{PM}(t) = A_0 \cos[\omega_0 t + K_{PM} f(t)]$$

当幅度 A_0 保持不变,初相 $\phi_0 = 0$,而瞬时角频率是调制信号的线性函数时,这种调制方式称为频率调制。瞬时角频率为

$$\omega = \omega_0 + K_{FM} f(t) \tag{2-4}$$

瞬时角频率偏移为 $\Delta\omega = K_{FM} f(t)$,$K_{FM}$ 称为频偏常数。这种已调信号称为调频信号(FM),

已调信号的表达式为

$$s_{FM}(t) = A_0 \cos[\omega_0 + K_{FM}f(t)]t$$

从已调信号的表达式中可以看出,调频和调相只是角调制的不同形式,并无本质上的区别。

分析信号 $f(t)$ 的角调制频谱是十分困难的,这是由于调频波中出现了与 $f(t)$ 频率分量无关的许多频率成分。这一事实表明,调频波的频谱宽度比调制信号 $f(t)$ 的频谱宽度要大很多。

2.5.2　调频信号的产生

在模拟通信中,FM 信号的产生有两种方法:一种是直接调频法,又称参数-变值法;另一种是间接调频法,又称阿姆斯特朗法。

这里只介绍直接调频法。

直接调频法的原理如图 2-17 所示。其原理十分简单,它是由输入的基带信号 $f(t)$ 直接改变电容-电压或

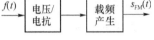

图 2-17　直接调频法

电感-电压可变电抗元件的电容值或电感值,使载频振荡器的调谐回路参数改变,使输出频率随输入电压 $f(t)$ 成正比的变化。

直接调频法的优点是能得到很大的频率偏移,其缺点是载频会发生漂移,因而需要附加稳频电路。

2.5.3　调频信号的解调

调频信号的解调多采用非相干解调。非相干解调器有两种形式:一种是鉴频器;另一种是锁相环解调器。下面只介绍鉴频器。

对于调频信号来讲,它的瞬时频率必须正比于调制信号的幅度,因而要求解调器的输出必须能产生正比于输入频率的输出电压。鉴频器实质上是由微分器和包络检波器组成的。

一个理想的鉴频器,其特性如图 2-18(a)所示。它是一个斜率为 K_d 的直线,输出电压与输入频率成正比,图 2-18(b)是构成鉴频器的方框图。

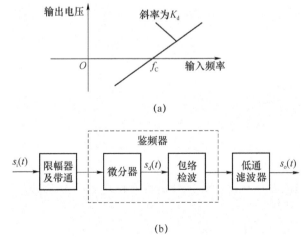

(a)

(b)

图 2-18　调频信号的非相干解调

输入的调频信号是

$$s_i(t) = A_0 \cos[\omega_0 + K_{FM} f(t)]t$$

输入信号 $s_i(t)$ 经过限幅及带通滤波器后,滤除信道中的噪声和其他干扰,送入微分器进行微分处理而变成 $s_d(t)$,

$$s_d(t) = -A_0[\omega_0 + K_{FM} f(t)]\sin[\omega_0 + K_{FM} f(t)]t$$

这是一个调幅调频信号,其幅度是按 $A_0[\omega_0 + K_{FM} f(t)]$ 的规律而变化的,其包络信息正比于调制信号 $f(t)$。经包络检波,再经过低通滤波器后,滤除基带信号以外的噪声,输出 $s_o(t)$。

$$s_o(t) = K_d K_{FM} f(t)$$

K_d 称为鉴频器灵敏度。

小 结

基带信号的频率较低,往往不适于信道传输。为使信道上同时传输多路基带信号,需要采用调制与解调技术。调制就是用基带信号去控制载波的某个参数(如幅度、频率、相位),使其按照基带(调制)信号的规律而变化。调制后的信号称为已调信号,已调信号还原成调制信号的过程称为解调。

连续波调制是以正弦波为载波的调制方式,可分为线性调制和非线性调制。线性调制是指已调信号的频谱为调制信号频谱的平移和线性变化,而非线性调制是指已调信号与调制信号之间不存在这种对应关系,已调信号的频谱中将出现与调制信号无对应线性关系的分量。

线性调制系统的相干解调是从已调波的幅度变化或相位变化中提取调制信号,线性调制系统的非相干解调则是从已调波的幅度变化中提取调制信号。

角调制与线性调制不同,角调制的已调信号频谱与调制信号频谱间不存在线性对应关系,而是产生与调制信号频谱不同的新的频率分量。角调制分为频率调制和相位调制,频率调制是已调波幅度不变,瞬时角频率是调制信号的线性函数。相位调制是已调波幅度和载波频率不变,而瞬时相位偏移是调制信号的线性函数。

思 考 题

1. 简述调制在通信系统中的作用。

2. 什么是基带信号?什么是调制信号?什么是已调信号?

3. 调制的目的是什么?什么是上边带?什么是下边带?双边带传输和单边带传输各有何优缺点?

4. 常规双边带调幅和抑制载波双边带调幅有何区别?哪个已调波可用包络检波法来解调?为什么?

5. 什么是调幅指数?为什么包络检波要求调幅指数不能大于 1?

6. 什么叫过渡带?为什么在电话中的语音信号频带为 300～3 400 Hz,而在多路通信中却将其带宽定为 4 kHz?

7. 为什么对于广播电视的图像信号不采用单边带调制,而是采用残留边带调制,并要插入很强的载波?

8. 什么是线性调制? 常见的线性调制有哪些?

9. 残留边带滤波器的传输特性应如何? 为什么?

10. SSB 的产生方法有哪些?

11. 什么是频率调制? 什么是相位调制? 两者的关系如何?

12. 比较调幅系统和调频系统的特点。

第 3 章

模拟信号的数字化传输

在第 1 章已经说明,和模拟通信系统相比,数字通信系统具有许多突出的优点,因而它已成为当今通信的发展方向与主流。然而自然界的许多信息都是模拟信号,如话音、图像等。为了能利用数字通信系统来传送模拟信号,必须对模拟信号进行数字化,即模数变换和数模变换。如何进行模拟信号的数字化?这就是本章要解决的问题。

模拟信号数字化处理,即对模拟信号的幅度和时间作离散化处理。首先通过抽样使模拟信号变成时间离散但幅度仍是连续的信号,然后将抽样得到的时间离散信号进行量化,使之变成不仅时间离散,而且幅度也离散的信号,再将其进行编码变成所需的数字信号。

本章将在介绍抽样定理的基础上,重点讨论目前模拟信号数字化的基本方法,即脉冲编码调制(PCM)和增量调制(ΔM),并简要介绍它们的改进型:差分脉冲编码调制(DPCM)和自适应差分脉码调制(ADPCM)等。为了适应当今图、文、声并茂的多媒体通信的发展,在本章的最后,讨论对多媒体通信具有特别重要意义的图像及声音的压缩编码技术。

3.1 抽样定理

抽样定理是模拟信号数字化的基础理论。抽样是将模拟信号数字化的第一步,是时间上的离散化。抽样后的信号是时间离散且时间间隔相等的信号。在数字通信中,不仅要把模拟信号变成数字信号进行传输,而且在接收端还要将它还原成模拟信号。还原的信号应该与发端的信号尽可能相同,才能达到通信的目的。为了使收端通过译码获得的样值信号能够恢复成信号源所发出的模拟信号,首先应该保证抽样不引起信号失真。怎样才能避免因抽样而引起信号失真呢?

抽样定理告诉我们,一个频带限制在 $(0, f_{\mathrm{H}})$ 内时间连续的信号 $m(t)$,如果以 $\dfrac{1}{2f_{\mathrm{H}}}$ 的时间对其进行等间隔抽样,则 $m(t)$ 将被得到的抽样值完全确定。

3.1.1 样值信号的频谱

抽样电路的模型可用一个乘法器表示,如图 3-1 所示,即

$$m_{\mathrm{s}}(t) = m(t)s(t)$$

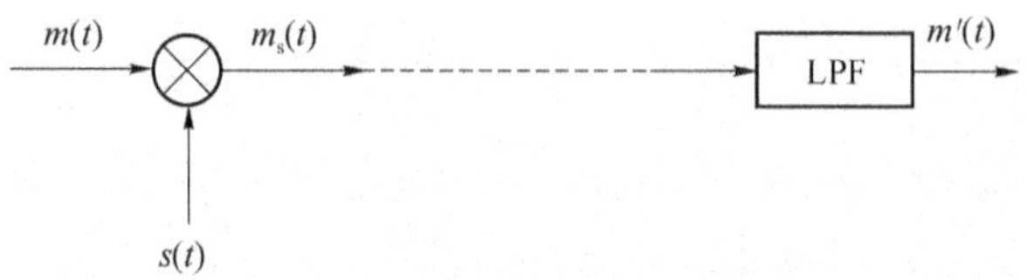

图 3-1 抽样电路模型

式中 $s(t)$ 只有 0 和 1 两个值,当抽样脉冲 $s(t)=1$ 时,抽样门有输出,$m_s(t)=m(t)$；当抽样脉冲 $s(t)=0$ 时,抽样门无输出,$m_s(t)=0$。可利用抽样门输出完成抽样任务。抽样脉冲 $s(t)$ 的波形如图 3-2 所示,它是重复周期为 T_s、脉冲幅度为 1、脉冲宽度为 τ 的周期性脉冲序列。

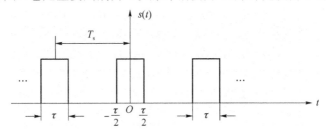

图 3-2　抽样脉冲序列

下面分析样值信号的频谱。$s(t)$ 用傅里叶级数可表示为

$$s(t) = A_0 + 2\sum_{n=1}^{\infty} A_n \cos n\omega_s t$$

式中

$$\omega_s = \frac{2\pi}{T_s} = 2\pi f_s$$

$$A_0 = \frac{\tau}{T_s}$$

$$A_n = \frac{\tau}{T_s} \cdot \frac{\sin \dfrac{n\omega_s \tau}{2}}{\dfrac{n\omega_s \tau}{2}}$$

则

$$m_s(t) = m(t) \cdot s(t)$$
$$= A_0 m(t) + 2A_1 m(t)\cos \omega_s t + 2A_2 m(t)\cos 2\omega_s t + \cdots + 2A_n m(t)\cos n\omega_s t \quad (3\text{-}1)$$

若 $m(t)$ 为单一频率 Ω 的正弦波,即

$$m(t) = A_\Omega \sin \Omega t$$

则式(3-1)中的各项分别如下:

第 1 项
$$A_0 m(t) = \frac{\tau}{T_s} A_\Omega \sin \Omega t$$

第 2 项
$$2A_1 m(t)\cos \omega_s t = 2A_1 A_\Omega \sin \Omega t \cos \omega_s t$$
$$= A_1 A_\Omega [\sin (\omega_s + \Omega)t - \sin (\omega_s - \Omega)t]$$
$$= \frac{\tau}{T_s} \cdot \frac{\sin \dfrac{\omega_s \tau}{2}}{\dfrac{\omega_s \tau}{2}} \cdot A_\Omega [\sin (\omega_s + \Omega)t - \sin (\omega_s - \Omega)t]$$

$$\vdots$$

第 $n+1$ 项
$$\frac{\tau}{T_s} \cdot \frac{\sin \dfrac{n\omega_s \tau}{2}}{\dfrac{n\omega_s \tau}{2}} \cdot A_\Omega [\sin (n\omega_s + \Omega)t - \sin (n\omega_s - \Omega)t]$$

从上述分析中可以看出,抽样后的频率成分除原模拟信号 Ω 外,还有 $\omega_s \pm \Omega, 2\omega_s \pm \Omega, \cdots,$ $n\omega_s \pm \Omega$,即 $n\omega_s$ 的上、下边频。还可看出,第一项中包含有原模拟信号 $m(t) = A_\Omega \sin \Omega t$ 的全部信息,只是幅度差 $\dfrac{\tau}{T_s}$ 倍。

如果原模拟信号的频带为 $f_L \sim f_H$,即为一定带宽信号,其频谱如图 3-3(a)所示(图中形状不表示不同频率成分能量的分布情况,仅表示该信号带宽为 $f_L \sim f_H$),则由上面简单的正弦信号样值的频谱成分分析类推可知:抽样后的 PAM 信号中的频率成分除了有 $f_L \sim f_H$ 外,还有 $n\omega_s$ 的各次上、下边带,如图 3-3(b)、(c)、(d)所示(图中只表示频率成分的有无,不表示幅度的相对大小关系)。

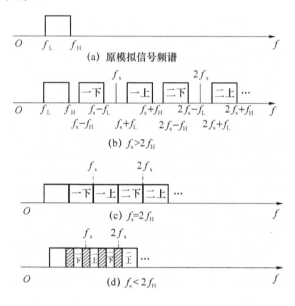

图 3-3　样值信号的频谱

3.1.2　低通型抽样定理

图 3-3 给出了 $f_s > 2f_H$、$f_s = 2f_H$、$f_s < 2f_H$ 三种情况下样值信号的频谱图。从图可见,当 $f_s > 2f_H$ 时,原模拟信号频带和各次 $n\omega_s$ 上、下边带有一定的频率间隔;当 $f_s = 2f_H$ 时,原模拟信号频带和各次 $n\omega_s$ 上、下边带在频率上紧挨在一起,但不重叠;当 $f_s < 2f_H$ 时,原模拟信号频带和各次 $n\omega_s$ 上、下边带重叠在一起。

对于 $f_s > 2f_H$ 和 $f_s = 2f_H$ 两种情况,在接收端均可通过截止频率 $f_c = f_H$ 的理想低通滤波器从样值信号频谱中滤取出原模拟信号频带。因此对于低频频率 f_L 很低(一般指 $f_L < B = f_H \sim f_L$),最高频率 f_m 为 f_H 的低通型模拟信号来说,对抽样频率 f_s 的要求是

$$f_s \geqslant 2f_m$$

即抽样脉冲 $s(t)$ 的重复频率 f_s 必须不小于模拟信号最高频率的两倍。这就是低通型抽样定理,它为时分多路复用提供了理论基础。

实际的滤波器不像理想滤波器那样具有锐截止特性,如图 3-4(a)所示,而是有一定的过渡带,如图 3-4(b)所示。当 $f_s = 2f_m$ 时,$f_c = f_m$ 的实际低通滤波器不容易分出原模拟信号的频谱。这样信号高频段处容易出现频谱的重叠,从而产生折叠噪声。因此通常取 $f_s >$

$2f_m$,使原模拟信号和各次边带间留出空隙(又称保护频带),如图 3-3(b)所示。例如,电话信号的频带为 $300 \sim 3\,400$ Hz,$2f_m = 6\,800$ Hz,实际选择抽样频率 $f_s = 8\,000$ Hz $> 2f_m >$ $6\,800$ Hz(此时保护频带为 $1\,200$ Hz),其重复周期 $T_s = 1/f_s = 125\ \mu s$,即对电话信号每隔 $125\ \mu s$ 抽取一个样值。接收端用截止频率 $f_c = 3\,400$ Hz 的低通滤波器就可以将样值恢复成模拟信号,从而完成通信任务。根据上述原理和 CCITT 建议,我国规定 30/32 路 PCM 基群的抽样频率 f_s 为 $8\,000$ Hz,重复周期为 $125\ \mu s$。

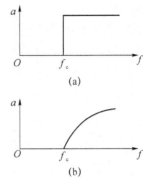

　　需要提到的是,在选定 $f_s = 8\,000$ Hz 后,对模拟电话信号的 f_m 必须给予限制,以免引起折叠噪声。例如,若 f_m 为 $4\,100$ Hz,则不再满足 $f_s \geqslant 2f_m$ 的要求,从图 3-3(d)可见,f_H 和 $f_s \sim f_H$ 就会重叠,接收端用 $= 3\,400$ Hz 的低通滤波器去还原就必然导致折叠噪声。所以,需在 PCM 设备的抽样门之前加 $3\,400$ Hz 的低通滤波器,限制 f_m,保证 $f_s > 2f_m$。

图 3-4　低通滤波器特性

3.1.3　带通型抽样定理

　　从图 3-3 看出,只要 $f_s \geqslant 2f_m$,收信端就能从 PAM 信号中重建出模拟信号,对 f_L 无特殊要求。但对于 f_L 较高的模拟信号,仍使用 $f_s \geqslant 2f_m$ 的条件,确定 f_s 虽然可以,但不必要。如图 3-3(b)所示,在 $0 \sim f_L$ 段还有很大空隙未被利用,只要适当地选取抽样频率,就可将样值中的一个或几个边带搬移至 $0 \sim f_L$ 段,使 $0 \sim f_L$ 频段得到利用,而且抽样频率可以大大地降低。带通型抽样定理就解决了这样的问题。

　　带通型抽样定理为:对于频带为 $f_L \sim f_H$ 的信号,其带宽为 $B = f_H - f_L$,若 $f_L > B = f_H \sim f_L$(该式含义为 $0 \sim f_L$ 段至少能容纳一个边带),即 $f_L > f_H/2$,则它的抽样频率为

$$\frac{2f_H}{(n+1)} \leqslant f_s \leqslant \frac{2f_L}{n}$$

式中 n 取 f_L/B 的整数部分。通常 f_s 取 $\dfrac{2(f_L + f_H)}{2n+1}$。

　　下面通过分析对载波超群 $312 \sim 552$ kHz 信号按带通型抽样定理进行抽样后样值的频谱图来说明带通型抽样定理的正确性。

　　对载波超群

$$f_L = 312\ \text{kHz} > \frac{f_H}{2} = \frac{552}{2} = 276\ \text{kHz}$$

属于带通型信号,

$$\frac{f_L}{B} = \frac{312}{552 - 312} = \frac{312}{240} = 1.3$$

所以 n 取 1,则

$$552\ \text{kHz} = \frac{2 \times 552}{1+1} \leqslant f_s \leqslant \frac{2 \times 312}{1} = 624\ \text{kHz}$$

通常取

$$f_s = \frac{2 \times (312 + 552)}{2 \times 1 + 1} = 576\ \text{kHz}$$

按照这个频率抽样后样值的频谱如图 3-5 所示。从图 3-5 可见，按照 $f_s = 576\ \mathrm{kHz}$ 对载波超群信号抽样后，原模拟信号频带和其他各次上、下边带不会重叠在一起，在接收端采用带通滤波器可以从中滤取出载波超群频谱，完成重建任务。这就验证了带通型抽样定理的正确性。

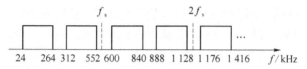

图 3-5　带通型样值信号频谱例

载波超群信号也可按低通型抽样定理确定抽样频率。这时 $f_s = 2 \times 552 = 1\ 104\ \mathrm{kHz}$，远大于按带通型抽样定理确定的抽样频率 $f_s = 552 \sim 624\ \mathrm{kHz}$，因此带通型信号按带通型抽样定理来确定抽样频率，抽样频率将大大减小，这有助于简化设备的复杂性和提高传输效率。

3.1.4　信号的重建

利用一低通滤波器即可完成信号重建的任务。由前面分析知道，样值信号中原模拟信号的幅度只为抽样前的 $\dfrac{\tau}{T_s}$ 倍。因为 τ 很窄，所以还原出的信号幅度太小。为了提升重建的语音信号幅度，通常采取加一展宽电路，将样值脉冲 τ 展宽为 T_s，从而提升信号幅度。理论和实践表明：加展宽电路后，在 PAM 信号中，低频信号提升的幅度多，高频信号提升的幅度小，产生了失真。为了消除这种影响，在低通滤波器之后加均衡电路。要求均衡电路对低频信号衰减大，对高频信号衰减小。

3.2　脉冲编码调制

脉冲编码调制（PCM）简称脉冲调制，它是一种用一组二进制数字代码来代替连续信号的抽样值，从而实现通信的方式。由于这种通信方式抗干扰能力强，它在光纤通信、数字微波通信、卫星通信中均获得了极为广泛的应用。

PCM 是一种最典型的语音信号数字化方式，其系统原理框图如图 3-6 所示。首先，在发送端进行波形编码（主要包括抽样、量化和编码 3 个过程），把模拟信号变换为二进制码组。编码后的 PCM 码组的数字传输方式可以是直接的基带传输，也可以是对微波、光波等载波调制后的调制传输。在接收端，二进制码组经译码后还原为量化后的 PAM 样值脉冲序列，然后经低通滤波器滤除高频分量便可以得到重建信号 $m_q(t)$。

发信端的主要任务是完成 A/D 变换，其主要步骤为抽样、量化、编码。

收信端的任务是完成 D/A 变换，其主要步骤是解码、低通滤波。

信号在传输过程中要受到干扰和衰减，所以每隔一段距离加一个再生中继器，使数字信号获得再生。

为了使信码适合信道传输，并有一定的检测能力，发信端加有码型变换电路，收信端加有码型反变换电路。

由 3.1 节的讨论可知，经过抽样以后，信号在时间上被离散化了，但是其幅度仍是连续取值,故仍为模拟信号,不能进行编码。因此,必须进行数字化的第二步——幅度离散化处理,即量化。

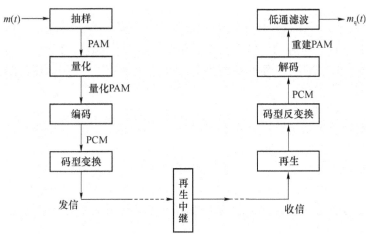

图 3-6　PCM 通信过程

图 3-7 给出了 PCM 信号形成的示意图。根据抽样定理,$m(t)$ 经过抽样后变成了时间离散、幅度连续的信号 $m_s(t)$。将其送入量化器,就得到了量化输出信号。图 3-7 中,采用了"四舍五入"法,将每一个连续抽样值归结为某一临近的整数值,即量化电平。这里采用了 8 个量化级,将图中 4 个准确样值 2.22、4.38、5.24、2.91 分别变换成 2、4、5、3。显然,量化后的离散样值可以用一定位数的代码来表示,也就是对其进行编码。因为只有 8 个量化电平,所以可用 3 位二进制码来表示。如果有 M 个量化电平,则需要的二进制码位数 n 为

$$M = 2^n$$

图 3-7 中给出了用自然二进制码对量化样值进行编码的结果。

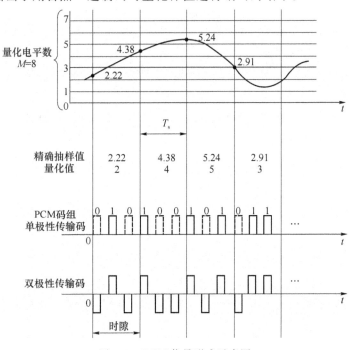

图 3-7　PCM 信号形成示意图

综上所述，PCM 信号的形成是模拟信号经过"抽样、量化、编码"3 个步骤实现的。其中，抽样的原理已经介绍，下面主要讨论量化和编码。

3.2.1 量化

量化的任务是将抽样后的信号在幅度上离散化，即将模拟信号转换为数字信号。其做法是将 PAM 信号的幅度变化范围划分为若干个小间隔，每一个小间隔称为一个量化级。相邻两个样值的差称为量化级差，用 δ 表示。当样值落在某一量化级内时，就用这个量化级的中间值来代替，该值称为量化值。

用有限个量化值表示无限个抽样值，总是含有误差的。由于量化而导致的量化值和样值的差称为量化误差，用 $e(t)$ 表示，即

$$e(t) = 量化值 - 样值$$

根据量化级差 δ 的不同，量化分为均匀量化和非均匀量化。每个量化值要用数字码（或码组）表示，这个过程称为编码。实际设备中，量化和编码是一起完成的。为了便于理解，分两步作介绍。

1. 均匀量化

（1）均匀量化及其特性

均匀量化是指量化级差均匀，即相邻的各量化级之间的差 δ 相等。或者说，均匀量化的实质是不管信号大小，量化级差都相同。其特性可用量化特性曲线来表示，如图 3-8(a)所示。横坐标 $u(t)$ 为量化器输入电压，纵坐标 $u_s(t)$ 为量化器输出电压。该量化特性共分为 8 个量化级，量化值按四舍五入法取值。例如，输入电压幅度在 0～δ 之间时，输出都量化为 0.5δ；输入电压幅度在 δ～2δ 之间时，输出电压都量化为 1.5δ，其余依此类推。当输入电压幅度超过 4δ 时，都量化为 3.5δ。样值为负的情况类似于正样值的情况。

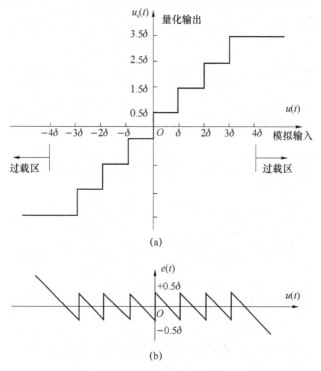

图 3-8　均匀量化特性曲线及误差特性曲线

量化时引入的量化误差可用公式表示为

$$e(t) = u_s(t) - u(t)$$

为便于分析,绘出量化误差与输入电压的关系曲线,如图 3-8(b)所示。从图中可见,当输入幅度在$-4\delta \sim +4\delta$之间时,量化级差的绝对值都不会超过$\frac{\delta}{2}$。这段范围称为量化的未过载区。在未过载区内产生的噪声称为未过载量化噪声(又称颗粒噪声)。当输入电压幅度$u(t) > 4\delta$或$u(t) < -4\delta$时,量化误差绝对值线性增大,都超过$\frac{\delta}{2}$,这段范围称为量化的过载区。在量化过载区产生的量化噪声称为过载量化噪声。量化噪声是由过载量化噪声和未过载量化噪声组成的。由图 3-8(b)可见,由于过载量化误差很大,因而过载量化噪声也很大,实用中应尽量避免。解决的办法是量化之前加限幅器,使量化器的输入电压不进入过载区。为此只分析未过载量化噪声的影响。

(2) 均匀量化噪声功率的计算

量化对通信的影响是引入了量化噪声。由于量化误差是随输入电压而改变的,因而只能从平均的角度来考虑量化噪声的影响。下面计算均匀量化时的归一化平均噪声功率,也就是在 1 Ω 电阻上的平均量化噪声功率。

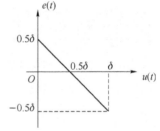

为了分析方便起见,假设语音信号幅值限在未过载量化区内,并假设在未过载区内语音信号的各种幅值出现的概率相等。在这种假设条件下,量化噪声的均方值$\overline{e^2}$可由一个量化级(如$0 \sim \delta$区间)内的均方值来确定。

图 3-9　均匀量化噪声功率的计算

对于图 3-9 来说,量化噪声的均方值$\overline{e^2}$为$0 \sim \delta$区间内的总噪声功率$\int_0^\delta e^2 \mathrm{d}u$的平均值,即

$$\overline{e^2} = \frac{1}{\delta} \int_0^\delta e^2 \mathrm{d}u$$

从图中看出

$$e = -u + 0.5\delta$$

则

$$\overline{e^2} = \frac{1}{\delta} \int_0^\delta (-u + 0.5\delta)^2 \mathrm{d}u = \frac{\delta^2}{12} \tag{3-2}$$

上式表示总的未过载均匀量化的平均量化噪声功率。

设未过载的量化范围为$-V \sim +V$,量化为 l 个量化级,并编为 n 位二进制,即

$$l = 2^n$$

$$\delta = \frac{2V}{l} = \frac{2V}{2^n}$$

则式(3-2)可写为

$$\overline{e^2} = \frac{\delta^2}{12} = \frac{1}{12} \cdot \frac{4V^2}{2^{2n}} = \frac{1}{3} \cdot \frac{V^2}{2^{2n}}$$

可见,均匀量化噪声功率与量化级差 δ 成正比,而与输入信号大小无关。要减小量化噪声,只能增加量化级数 l,即减小量化级差 δ。

(3) 均匀量化信噪比

通信中常用信噪比表征通信质量。量化信噪比是指模拟输入信号功率与量化噪声功率之比。

下面计算正弦信号 $u(t)=U_{\mathrm{m}}\sin\omega t$ 均匀量化时的信噪比。该正弦信号有效值为 $\dfrac{U_{\mathrm{m}}}{\sqrt{2}}$,其归一化信号功率为 $(U_{\mathrm{m}}/\sqrt{2})^2=\dfrac{U_{\mathrm{m}}^2}{2}$,所以

$$\left(\frac{S}{N}\right)_{\mathrm{dB}}=10\lg\frac{S}{N_{\mathrm{q}}}=10\lg\frac{\dfrac{U_{\mathrm{m}}^2}{2}}{\dfrac{1}{3}\cdot\dfrac{V^2}{2^{2n}}}=10\lg 1.5+20n\lg 2+20\lg\frac{U_{\mathrm{m}}}{V} \tag{3-3}$$

$$=1.76+6n+20\lg\frac{U_{\mathrm{m}}}{V}\approx 6n+2+20\lg\frac{U_{\mathrm{m}}}{V}$$

① 为了保证通信质量,要求在信号动态范围达到 $40\ \mathrm{dB}$ $\left(即\ 20\lg\dfrac{U_{\mathrm{m}}}{V}=-40\ \mathrm{dB}\right)$ 的情况下,信噪比 $\left(\dfrac{S}{N}\right)_{\mathrm{dB}}\geqslant 26\ \mathrm{dB}$。根据式(3-3)可得

$$26\leqslant 1.76+6n-40$$

解得

$$n\geqslant 10.7$$

即在码位 $n=11$ 时,才能满足要求。

② 式(3-3)表明信噪比同码位数 n 成正比,即编码位数越多,信噪比越高,通信质量越好。每增加一位码,信噪比可提高 $6\ \mathrm{dB}$。

③ 式(3-3)还表明,有用信号幅度 U_{m} 越小,信噪比越低,均匀量化噪声功率同信号大小无关,只由量化级差 δ 决定。δ 决定了,不管信号大小,噪声功率都是相同的。这必然导致大信号时信噪比大,小信号时信噪比小的情况。

由以上分析可见,均匀量化信噪比的特点是:码位越多,信噪比越大;在相同码位的情况下,大信号时信噪比大,小信号时信噪比小。

2. 非均匀量化

经过大量统计表明,语音信号中小信号出现的概率多(语音信号的幅度概率特性是按负指数规律分布的),但均匀量化信噪比的特点是小信号的信噪比小,这不利于通信质量。要改善小信号的信噪比,一种方法是增加编码位数。但码位 n 增大,必须增加数码率,这将给信号的传输和设备的制造带来困难。由前面的分析和计算可知,在小信号的信噪比满足要求时,大信号的信噪比却过分富裕,这是没有必要的。为了克服均匀量化的缺点,实际中往往采用另一种方法——非均匀量化。

(1) 非均匀量化

非均匀量化是对大小信号采用不同的量化级差,即在量化时对大信号采用大量化级差,

对小信号采用小量化级差。这样就可以保证在量化级数（编码位数）不变的条件下，提高小信号的量化信噪比，扩大了输入信号的动态范围。

如图 3-10 所示是一种非均匀量化特性的具体例子。图中只画出了幅值为正时的量化特性。过载电压 $V=4\Delta$，其中 Δ 为常数，其数值视实际而定。量化级数 $M=8$，幅值为正时，有 4 个量化级。

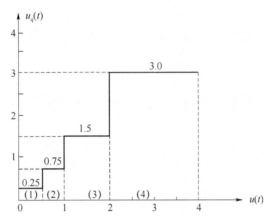

图 3-10　非均匀量化特性例子

由图中看出：在靠近原点的(1)、(2)两级量化间隔最小且相等（$\Delta_1=\Delta_2=0.5\Delta$），其量化值取量化间隔的中间值，分别为 0.25 和 0.75，以后量化间隔以两倍的关系递增。因此满足了信号电平越小，量化间隔也越小的要求。

（2）压缩与扩张

实现非均匀量化的方法之一是采用压缩扩张技术，其特点是在发送端对输入模拟信号进行压缩处理后再均匀量化，在接收端进行相应的扩张处理，如图 3-11 所示。由图中看出，非线性压缩特性中，小信号时的压缩特性曲线斜率大，而大信号时压缩特性曲线斜率小。经过压缩后，小信号放大变成大信号，再经均匀量化后，信噪比就较大了。在接收端经过扩张处理，还原成原信号。压缩和扩张特性严格相反。

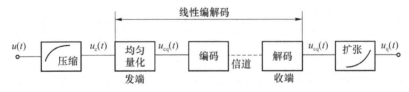

图 3-11　非均匀量化的实现

综上所述，非均匀量化的具体实现，关键在于压缩-扩张特性。目前应用较广的是 A 律和 μ 律压扩特性。

（3）理想压缩特性

若将压缩特性和扩张特性曲线的输入和输出位置互换，如图 3-12 所示，则两者特性曲线是相同的，因此下面只分析压缩特性。

图 3-13(a)为压缩器特性曲线。设横坐标 x 代表压缩器的输入信号，纵坐标 $y=f(x)$ 代表压缩器的输出信号。根据对压缩器的要求，x 和 y 均规定在 -1 和 $+1$ 之间（图中只绘出

了第一象限），所以称归一化处理。

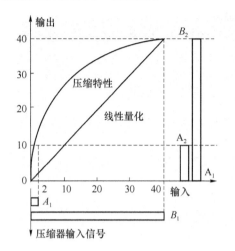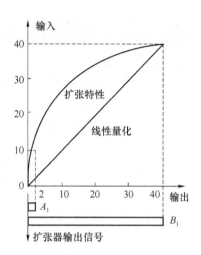

图 3-12　压缩扩张特性

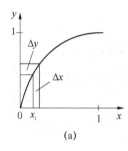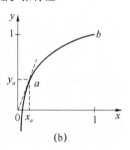

(a)　　　　　　　　(b)

图 3-13　归一化压缩特性

从压缩的任务看，压缩特性斜率 $\dfrac{dy}{dx}$ 就是输入信号 x 的放大倍数。为了改善小信号的信噪比，要求放大倍数同输入信号 x 成反比。即信号越小，要求放大倍数越大，表示为

$$\frac{dy}{dx} \propto \frac{1}{x}$$

写成等式为

$$\frac{dy}{dx} = \frac{1}{k} \cdot \frac{1}{x}$$

式中 k 为比例系数，整理后得到

$$\frac{1}{x}dx = kdy$$

对等式两边进行积分得

$$\ln x = ky + c$$

式中 c 为积分常数。要求 $x=1$、$y=1$ 时，上式成立，则有

$$0 = k + c$$

$$c = -k$$

将 $c = -k$ 代入上式得

$$\ln x = ky - k$$

$$y = 1 + \frac{1}{k} \ln x \qquad\qquad (3\text{-}4)$$

图 3-13(b)示出了式(3-4)的特性。该曲线是根据压缩特性曲线的斜率同输入信号成反比这一理想压缩准则推出来的,故称为理想特性曲线。但从图 3-13(b)可见,该理想压缩曲线不过原点,即输入 $x=0$ 时,$y \neq 0$。它不满足实际的要求,要作适当修正。修正的方法有两种。一种是将坐标轴 y 右移,这种修正的方法即为北美和日本 PCM 基群中采用的 μ 律。另一种是过原点对理想压缩曲线作一切线,压缩特性的前一段用切线代替,后一段仍用理想压缩曲线。这种压缩特性即为欧洲和我国 30/32 路基群中采用的 A 律。下面主要介绍 A 律。

(4) A 律压缩特性

在图 3-13(b)中,过原点 0 对曲线作切线,如图中虚线所示。设切点为 a,对应的坐标为 (x_a, y_a),下面求此坐标值。

对式(3-4)求导数,在 x_a 处的导数值为

$$\left.\frac{\mathrm{d}y}{\mathrm{d}x}\right|_{x=x_a} = \frac{1}{k} \cdot \frac{1}{x_a}$$

此导数值就是曲线在 x_a 点处的切线斜率,则图 3-13(b)中直线 0~a 段的方程为

$$y = \frac{1}{kx_a} \cdot x$$

当 $x=x_a$ 时,

$$y = y_a = \frac{1}{k}$$

将 $y = y_a = \frac{1}{k}$ 和 $x = \frac{1}{x_a}$ 代入式(3-4)得

$$\frac{1}{k} = 1 + \frac{1}{k} \ln x_a$$

解出 $x_a = \mathrm{e}^{1-k}$,从而得出切点 a 的坐标为 $\left(\mathrm{e}^{1-k}, \frac{1}{k}\right)$。

将切点的横坐标 x_a 记为 $\frac{1}{A}$,即

$$x_a = \frac{1}{A} = \mathrm{e}^{1-k}$$

解得

$$k = 1 + \ln A$$

最后解得压缩特性公式为

① 0~a 段

$$y = \frac{1}{kx_a} \cdot x = \frac{1}{(1+\ln A) \cdot \frac{1}{A}} \cdot x = \frac{Ax}{1+\ln A}$$

即 0~a 段特性为

$$y = \frac{Ax}{1+\ln A} \qquad 0 \leqslant x \leqslant \frac{1}{A} \qquad\qquad (3\text{-}5)$$

② $a \sim b$ 段

将 $k = 1 + \ln A$ 代入式(3-4)得

$$y = \frac{1 + \ln Ax}{1 + \ln A} \qquad \frac{1}{A} \leqslant x \leqslant 1 \tag{3-6}$$

式(3-5)和式(3-6)称为 A 律压缩特性公式。式中，A 为压扩系数，表示压缩的程度。A 值不同，压缩特性不同，如图 3-14 所示。$A = 1$ 时，只有式(3-5)成立，此时 $y = x(0 \leqslant x \leqslant 1)$，为无压缩，即均匀量化情况。$A$ 值越大，在小信号处斜率越大，对提高小信号的信噪比越有利。

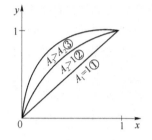

图 3-14　A 律压缩特性

(5) A 律 13 折线压缩特性

早期的 A 律压扩特性是用非线性模拟电路获得的。由于对数压扩特性是连续曲线，且随压扩参数不同，在电路上实现这样的函数规律是相当复杂的，因而精度和稳定度都受到限制。随着数字电路，特别是大规模集成电路的发展，另一种压扩技术——数字压扩——日益获得广泛的应用。它是利用数字电路形成许多折线来逼近对数压扩特性。下面介绍用 13 段折线近似 A 律压扩特性曲线的方法。

在该方法中，将第一象限的 y、x 轴各分为 8 段，如图 3-15 所示。y 轴的均匀分段点为 1、$7/8$、$6/8$、$5/8$、$4/8$、$3/8$、$2/8$、$1/8$、0。x 轴按 2 的幂次方递减的分段点为 1、$1/2$、$1/4$、$1/8$、$1/16$、$1/32$、$1/64$、$1/128$、0。这 8 段折线，从小到大依次称为①、②、…、⑦、⑧段，各段斜率依次用 k_1、k_2、…、k_8 表示。

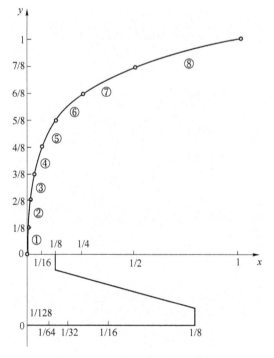

图 3-15　A 律 13 折线压缩特性

各段斜率计算如下：

$$k_1 = \frac{\Delta y}{\Delta x} = \frac{\dfrac{1}{8}}{\dfrac{1}{128} - 0} = 16$$

$$k_2 = \frac{\Delta y}{\Delta x} = \frac{\dfrac{1}{8}}{\dfrac{1}{64} - \dfrac{1}{128}} = 16$$

$$k_3 = \frac{\Delta y}{\Delta x} = \frac{\dfrac{1}{8}}{\dfrac{1}{32} - \dfrac{1}{64}} = 8$$

同理可得 $k_4 = 4, k_5 = 2, k_6 = 1, k_7 = 1/2, k_8 = 1/4$。

可见，对于第①、第②大段，斜率最大且均为 16，这说明对小信号放大能力最大，因而信噪比改善最多。再考虑 x、y 为负值的第三象限的情况，由于第三象限和第一象限的第①、②段斜率均相同，可将此 4 段视为一条直线，所以两个象限总共有 13 段折线，称为 13 折线。图 3-15 所示的 13 折线近似 A 律特性，简称 13 折线 A 律特性或 13 折线特性。

那么 13 折线近似 A 数值为多少的压缩特性曲线呢？在 A 律压缩特性曲线中，让切线斜率等于 13 折线中第①、②段的斜率，即

$$\frac{\mathrm{d}y}{\mathrm{d}x} = \frac{A}{1 + \ln A} = 16$$

解得 $A = 87.6$。它说明，以 $A = 87.6$ 代入 A 律特性的直线段与 13 折线的第①、②段斜率相等。对其他各段近似情况，可用 $A = 87.6$ 代入式(3-6)，以计算 y 和 x 的对应关系，并按折线关系计算之值对此列于表 3-1 中。

表 3-1　$A = 87.6$ 与 13 折线压缩特性的比较

y	0	1/8	2/8	3/8	4/8	5/8	6/8	7/8	1
x	0	1/128	1/60.6	1/30.6	1/15.4	1/7.79	1/3.93	1/1.98	1
按折线分段时的 x	0	1/128	1/64	1/32	1/16	1/8	1/4	1/2	1
段落		1	2	3	4	5	6	7	8
斜率		16	16	8	4	2	1	1/2	1/4

由表 3-1 可见，对应于同一 x 值的两种情况所计算出的 y 值基本上是近似相等的。这说明 13 折线的压缩特性同 $A = 87.6$ 的压缩特性是非常类似的。

(6) A 律 13 折线压缩特性对小信号信噪比的改善

非均匀量化是压缩后再均匀量化的过程，压缩就是对信号进行非线性放大。下面据此计算非均匀量化信噪比。根据式(3-3)，均匀量化信噪比为

$$\left(\frac{S}{N}\right)_{\mathrm{dB}} = 6n + 2 + 20\lg\frac{U_{\mathrm{m}}}{V}$$

那么非均匀量化后量化信噪比公式可表示为

$$\left(\frac{S}{N}\right)_{\mathrm{dB}} = 6n + 2 + 20\lg\frac{k_i U_{\mathrm{m}}}{V}$$

$$= 6n + 2 + 20\lg\frac{U_{\mathrm{m}}}{V} + 20\lg k_i$$

其中 $k_i(i=1\sim8)$ 为 A 律 13 折线特性曲线中各段斜率。因此 $20\lg k_i$ 即为相同码位情况下非均匀量化相对均匀量化信噪比的改善量。

第①段：$\left(\dfrac{S}{N}\right)_{dB}$ 改善了 $20\lg k_1=20\lg 16=24$ dB。

第②段：$\left(\dfrac{S}{N}\right)_{dB}$ 改善了 $20\lg k_2=20\lg 16=24$ dB。

第③段：$\left(\dfrac{S}{N}\right)_{dB}$ 改善了 $20\lg k_3=20\lg 8=18$ dB。

第④段：$\left(\dfrac{S}{N}\right)_{dB}$ 改善了 $20\lg k_4=20\lg 4=12$ dB。

第⑤段：$\left(\dfrac{S}{N}\right)_{dB}$ 改善了 $20\lg k_5=20\lg 2=6$ dB。

第⑥段：$\left(\dfrac{S}{N}\right)_{dB}$ 改善了 $20\lg k_6=20\lg 1=0$ dB。

第⑦段：$\left(\dfrac{S}{N}\right)_{dB}$ 改善了 $20\lg k_7=20\lg \dfrac{1}{2}=-6$ dB，即信噪比不但没有改善，反而恶化了 6 dB。

第⑧段：$\left(\dfrac{S}{N}\right)_{dB}$ 改善了 $20\lg k_8=20\lg 1/4=-12$ dB，即信噪比不但没有改善，反而恶化了 12 dB。

根据类似计算，可得到 $n=7$ 时，未考虑过载量化噪声的量化信噪比，对应于不同输入信号电平的关系，如表 3-2 所示。

表 3-2　$n=7$ 时非均匀量化信噪比的情况

L_i/dB	−42	−39	−36	−33	−30	−27	−24	−21
$\left(\dfrac{S}{N}\right)_{dB}$	26	29	32	29	32	29	32	29
L_i/dB	−18	−15	−12	−9	−6	−3	0	
$\left(\dfrac{S}{N}\right)_{dB}$	32	29	32	29	32	29	32	

根据以上分析可知，采用 A 律 13 折线压缩特性进行非均匀量化时，编 7 位码（即 $n=7$）就可满足通信质量要求。此外，还必须有一位码来代表信号的正、负极性。因此，在 30/32 路 PCM 基群中，采用 A 律 13 折线压缩特性进行非均匀量化，每位样值编 8 位码。

（7）μ 律压缩特性

将图 3-13(b)的理想压缩特性的 y 轴右移，便可得到 μ 律压缩特性。其归一化表达式为

$$y=\frac{\ln(1+\mu x)}{\ln(1+\mu)}\qquad(0\leqslant x\leqslant1,0\leqslant y\leqslant1)$$

其中，μ 为压缩参数，它的影响如图 3-16 所示。$\mu=0$ 时，压缩特性是一条通过原点的直线，故没有压缩效果，小信号性能得不到改善；μ 值越大，压扩效果越明显。在国际标准中取 $\mu=255$。μ 律压缩特性曲线可用 15 折线来近似。另外，需要指出的是，μ 律压缩特性曲线是以原点奇对称的，图中只画出了正向部分。由于 μ 律压缩特性用在 24 路 PCM 制式中，

我国不采用,故对 μ 律 15 折线压缩原理在此不予讨论。

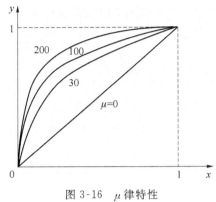

图 3-16　μ 律特性

3.2.2　编码和译码

把量化后的信号电平值变换为二进制码组的过程称为编码,其逆过程称为解码或译码。

模拟信息源输出的模拟信号 $m(t)$ 经抽样和量化后得到的输出脉冲序列是一个 M 进制(一般常用 128 和 256)的多电平数字信号。如果直接传输,抗噪声性能很差,因此还要经过编码器转换成二进制数字信号(PCM 信号)后,再经过数字信道传输。在接收端,二进制码组经过译码器还原为 M 进制的量化信号,再经过低通滤波器恢复原模拟基带信号 $m_q(t)$,完成这一系列过程的系统就是图 3-6 所示的脉冲编码调制(PCM)系统。其中,量化与编码的组合称为模数转换器(A/D 转换器);译码和低通滤波器的组合称为数模转换器(D/A 转换器)。下面主要介绍二进制码及编、译码器的工作原理。

1. 码字和码型

二进制码具有抗干扰能力强、易于产生等优点,因此,PCM 中一般采用二进制码。对于 M 个量化电平,可以用 N 位二进制码来表示,其中的每一个码组称为一个码字。前面讲过进行非均匀量化时,为保证通信质量,目前国际上多采用 8 位编码的 PCM 系统。

码型指的是代码的编码规律,其含义是把量化后的所有量化级,按其量化电平的大小次序排列起来,并列出各对应的码字,这种对应关系的整体就称为码型。在 PCM 中常用的二进制码型有普通二进制码、折叠二进制码等。下面以 3 位码为例加以介绍,如表 3-3 所示。设信号范围为 $-4\Delta \sim 4\Delta$,采用均匀量化,因为 $2^3 = 8$,所以分为 8 段,量化级差为 Δ,每个码字为 3 位码。

表 3-3　码型表

序　号	量化值	范　围	普通二进码			折叠二进码		
			a_1	a_2	a_3	b_1	b_2	b_3
7	+3.5	+3.0～+4.0	1	1	1	1	1	1
6	+2.5	+2.0～+3.0	1	1	0	1	1	0
5	+1.5	+1.0～+2.0	1	0	1	1	0	1
4	+0.5	0～+1.0	1	0	0	1	0	0
3	−0.5	−1.0～0	0	1	1	0	0	0
2	−1.5	−2.0～−1.0	0	1	0	0	0	1
1	−2.5	−3.0～−2.0	0	0	1	0	1	0
0	−3.5	−4.0～−3.0	0	0	0	0	1	1

观察表 3-3 可看出:样值为正时(称正样值)两种码型的第一位码都为"1";而样值为负时(称负样值)第一位码都为"0"。所以样值所编成的 n 位码中,$x_1=1$ 表示正样值;$x_1=0$ 表示负样值;$x_2,x_3,\cdots$ 则一般称为幅度码,用以表示样值的幅值。

(1)普通二进制码

普通二进制码码型按一般二进制规律进位,3 位码 $a_1a_2a_3$ 依次由 $000\sim111$ 递增。在普通二进制码中,每一位码都有固定的权值,设 n 位码字 $a_1a_2\cdots a_n$ 中,各位码权值依次为 $2^{n-1},2^{n-2},\cdots,2^0$。一般地讲,普通二进制码易记,但对于双极性信号,在电路实现上不如折叠二进制码简单。

(2)折叠二进制码

从表 3-3 可看出,对折叠二进制码,幅度相同的正负样值其幅度码相同。也就是说,折叠码以"零电平"为轴,其幅度码是镜像对称的,故名"折叠"。折叠码的幅度码部分也按一般二进制规律进位。

在采用折叠二进制码的编码电路中,首先编出极性码,然后将样值全波整流,再将样值的绝对值量化、编幅度码。由于是正、负样值合用一个编码电路,所以编码电路会简单一些。因此 PCM 通信中通常采用折叠二进制码。例如,PCM30/32 路系统中,一个样值编为 8 位折叠码,第一位码 x_1 为极性码,后面 7 位码 $x_2\sim x_8$ 为幅度码。

2. A 律 13 折线量化编码方案的码位安排

码字所表示的量值(称码字电平)与输入信号幅度成线性变化关系的编码过程称为线性编码。在线性编码的码字中各位码的权值是定数,它不随输入信号幅度而变化。码字电平与输入信号幅度成非线性变化关系的编码过程称为非线性编码。非线性码字中各位码的权值是随输入信号幅度成非线性变化的。A 律 13 折线量化编码过程属于非线性编码,下面介绍它的码位安排。

按 A 律 13 折线压缩特性进行量化编码时,一个 8 位码的码字安排如图 3-17 所示。其 x_1 为极性码,它表示样值的正负。$x_1=1$ 表示正样值,$x_1=0$ 表示负样值。$x_2\sim x_4$ 为段落码,它表示样值为正(或为负)的 8 个非均匀量化大段。$x_5\sim x_8$ 为段内码,每个非均匀量化大段内又均匀分为 16 个小段,因为 $2^4=16$,所以 4 位段内码正好表示这 16 个小段。段落码和段内码合起来构成幅度码,$2^7=128$,表示样值为正(或为负)时共分为 128 个量化级。

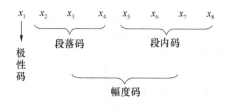

图 3-17 码位安排

为了说明幅度码的码位安排情况,将 A 律 13 折线的量化编码方案的幅度分段情况绘于图 3-18 中。

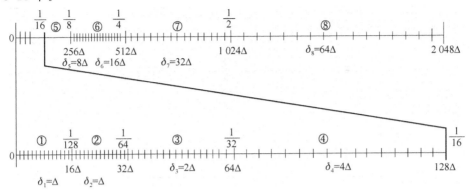

图 3-18 分段方案

每个大段区间称段落差,它们是不均匀的,符合 2 的幂次规律。每个大段落的起始值称为起始电平。每个大段落的 16 个小段是均匀的,每个小段的间隔即为量化级差 $\delta_i(i=1\sim8)$。显示不同段落的量化级差是不相等的,各段落量化级差计算如下:

$$\delta_1 = \frac{\frac{1}{128}-0}{16} = \frac{1}{2\,048} = \Delta$$

$$\delta_2 = \frac{\frac{1}{64}-\frac{1}{128}}{16} = \frac{1}{2\,048} = \Delta$$

$$\delta_3 = \frac{\frac{1}{32}-\frac{1}{64}}{16} = \frac{1}{1\,024} = 2\Delta$$

同理:

$$\delta_4 = 4\Delta$$
$$\delta_5 = 8\Delta$$
$$\delta_6 = 16\Delta$$
$$\delta_7 = 32\Delta$$
$$\delta_8 = 64\Delta$$

上面的结果进一步地说明了非均匀量化的实质是大信号的量化级差大,小信号的量化级差小。根据上述计算,表 3-4 列出了分段情况及段落码码位的安排。段内码的码位安排如表 3-5 所示。

表 3-4　分段情况及段落码码位安排

段落序号	段落码 $x_2x_3x_4$	起始电平	段落范围	量化级差	段落差
⑧	111	$1\,024\Delta$	$1\,024\Delta\sim2\,048\Delta$	$\delta_8=64\Delta$	$1\,024\Delta=16\delta_8$
⑦	110	512Δ	$512\Delta\sim1\,024\Delta$	$\delta_7=32\Delta$	$512\Delta=16\delta_7$
⑥	101	256Δ	$256\Delta\sim512\Delta$	$\delta_6=16\Delta$	$256\Delta=16\delta_6$
⑤	100	128Δ	$128\Delta\sim256\Delta$	$\delta_5=8\Delta$	$128\Delta=16\delta_5$
④	011	64Δ	$64\Delta\sim128\Delta$	$\delta_4=4\Delta$	$64\Delta=16\delta_4$
③	010	32Δ	$32\Delta\sim64\Delta$	$\delta_3=2\Delta$	$32\Delta=16\delta_2$
②	001	16Δ	$16\Delta\sim32\Delta$	$\delta_2=\Delta$	$16\Delta=16\delta_2$
①	000	0	$0\sim16\Delta$	$\delta_1=\Delta$	$16\Delta=16\delta_1$

表 3-5 段内码码位安排

段内序号	段内码	x_5	x_6	x_7	x_8	段内序号	段内码	x_5	x_6	x_7	x_8
16		1	1	1	1	8		0	1	1	1
15		1	1	1	0	7		0	1	1	0
14		1	1	0	1	6		0	1	0	1
13		1	1	0	0	5		0	1	0	0
12		1	0	1	1	4		0	0	1	1
11		1	0	1	0	3		0	0	1	0
10		1	0	0	1	2		0	0	0	1
9		1	0	0	0	1		0	0	0	0

由分段情况及码位安排表可总结出如下规律。

(1) 段落码$\{x_2 \sim x_4\}$的二进制数加 1 等于量化段序号。它表示量化电平属于哪个大段落,如 $x_2 \sim x_4 = 000$,表示该量化电平属于第①量化大段。段落码确定后可确定段落起始电平、段落差和量化级差。从表 3-4 可注意到,除第①大段外,其余各大段段落起始电平同段落差是相等的。

(2) 段内码$\{x_5 \sim x_8\}$是表示相对于该量化段起始电平的相对电平。在每一量化段内均匀 16 等分,因此段内码属于线性码性质。由表 3-5 可知,第 i($i = 1 \sim 8$)量化段的段内码$\{x_5 \sim x_8\}$的权值分别如下:

$$x_5 \text{ 权值} \text{——} 8\delta_i$$
$$x_6 \text{ 权值} \text{——} 4\delta_i$$
$$x_7 \text{ 权值} \text{——} 2\delta_i$$
$$x_8 \text{ 权值} \text{——} \delta_i$$

因此,段内码的权值符合二进制数规律。但要注意,段内码的权值也是随 δ_i 而变化的,这是由非均匀量化造成的。

清楚了 A 律 13 折线量化编码方案后,对于某一个样值,即可确定出一个码字的 8 位码,这个过程即为编码。同样,知道了一个码字的 8 位码,也可以还原为一个量化值,这个过程即为解码。需要提到的是,由于实际中发端采用舍去法量化,而收端要加上半个量化级差,因此发端舍去法量化后的电平(即量化 PAM)同收端解码后得到的电平(即重建 PAM)是有区别的。编码是对量化后的电平进行的。为了表示区别,称发端量化后的电平为码字电平,称收端解码后的电平为解码电平。显然,解码电平比码字电平多半个量化级差,用表达式表示为

$$\text{码字电平} = \text{段落起始电平} + (8x_5 + 4x_6 + 2x_7 + x_8) \cdot \delta_i$$

$$\text{解码电平} = \text{码字电平} + \frac{\delta_i}{2}$$

下面举例简单说明编码和解码的方法。

例 3-1 将样值 -500Δ 编为 8 位 A 律 13 折线 PCM 码,并计算发端的量化误差。

解 ①由于 PAM $= -500\Delta < 0$,则

$$x_1 = 0$$

② 由于 $256\Delta \leqslant |\text{PAM}| \leqslant 512\Delta$，说明该样值位于第⑥大段，则

$$x_2 \sim x_4 = 101$$

③ 由表 3-4 可知，对第⑥大段，

$$段落起始电平 = 段落差 = 256\Delta, \delta_6 = 16\Delta$$

$$\frac{|\text{PAM}| - 段落起始电平}{\delta_6} = \frac{500\Delta - 256\Delta}{16\Delta} = 15.25$$

进一步说明该样值处于第⑥大段的第 16 小段，则

$$x_5 \sim x_8 = 1111$$

所以 -500Δ 的样值编成的 A 律 13 折线 8 位 PCM 码为 01011111。

第⑥大段第 16 小段的电平范围为

$$256\Delta + 15 \times 16\Delta \sim 256\Delta + 16 \times 16\Delta$$

即在 $496\Delta \sim 512\Delta$ 之间。

由于发端是采用舍去法量化，所以 $|\text{PAM}| = 500\Delta$ 量化为 496Δ，最后幅度码编为 1011111，实际上样值在 $496\Delta \sim 512\Delta$ 之间时都量化为 496Δ，最后幅度码都编为 1011111。所以 -500Δ 在发端量化后产生的量化误差为 $|496\Delta - 500\Delta| = 4\Delta$。

例 3-2　将例 3-1 中所编成的 8 位 PCM 码还原为码字电平及解码电平。

解　① 由 $x_1 = 0$，则 PAM 为负值。

② 由 $x_2 \sim x_4 = 101$，说明 PAM 位于第⑥大段，则

$$段落起始电平 = 256\Delta, \delta_6 = 16\Delta$$

$$码字电平 = 256\Delta + (8 \times 1 + 4 \times 1 + 2 \times 1 + 1 \times 1)16\Delta = 496\Delta$$

$$解码电平 = 496\Delta + \frac{16\Delta}{2} = 504\Delta$$

从本例中可以看出，码字电平对应于一个量化段内的最小值，即发端是按舍去法量化的。为了确保量化误差小于半个量化级差，解码时应加上 $\frac{\delta_i}{2}$，$\frac{\delta_i}{2}$ 称为补差项。

3. 线性码和非线性码的转换

按照 A 律 13 折线进行量化编码时，是将幅度范围在 $0 \sim 2\,048\Delta$ 的样值按 $\delta = \Delta$ 进行均匀量化，则量化级数为 $2\,048\Delta/\Delta = 2\,048 = 2^{11}$ 个，因此用 11 位线性码 $B_1 \sim B_{11}$ 来编码表示 $0 \sim 2\,048\Delta$ 幅度范围内的样值也是可以的，这时 11 位线性码的权值如表 3-6 所示。

表 3-6　线性码权值

线性码	B_1	B_2	B_3	B_4	B_5	B_6	B_7	B_8	B_9	B_{10}	B_{11}
权值/Δ	1 024	512	256	128	64	32	16	8	4	2	1

由表 3-6 可见，线性码 B_i 的权值与非线性码段内码的权值不同，线性码中每位码的权值是固定不变的。

线性码的码字电平为

$$码字电平 = (1\,024B_1 + 512B_2 + 256B_3 + \cdots + 2B_{10} + B_{11}) \cdot \Delta$$

$$解码电平 = 码字电平 + \frac{\Delta}{2}$$

一个样值的幅度码，既可用 7 位非线性码表示，又可用 11 位线性码表示，因此 7 位非线

性码与 11 位线性码肯定是可以相互转换的。也就是说，7 位非线性码与 11 位线性码之间有一定的逻辑对应关系。根据前面讨论分析可得：只要使 7 位非线性码 $x_2 \sim x_8$ 和 11 位线性码 $B_1 \sim B_{11}$ 之间的码字电平相等，即可得出非线性码和线性码之间的逻辑关系，如表 3-7 所示。

表 3-7　A 律 13 折线非线性码与线性码间的关系

量化段序号	段落标志	起始电平/Δ	非线性码（幅度码）							线性码（幅度码）											
			段落码			段内码的权值/Δ				B_1	B_2	B_3	B_4	B_5	B_6	B_7	B_8	B_9	B_{10}	B_{11}	B_{12}^*
			x_2	x_3	x_4	x_5	x_6	x_7	x_8	1 024	512	256	128	64	32	16	8	4	2	1	Δ/2
8	C_8	1 024	1	1	1	512	256	128	64	1	x_5	x_6	x_7	x_8	1*	0	0	0	0	0	0
7	C_7	512	1	1	0	256	128	64	32	0	1	x_5	x_6	x_7	x_8	1*	0	0	0	0	0
6	C_6	256	1	0	1	128	64	32	16	0	0	1	x_5	x_6	x_7	x_8	1*	0	0	0	0
5	C_5	128	1	0	0	64	32	16	8	0	0	0	1	x_5	x_6	x_7	x_8	1*	0	0	0
4	C_4	64	0	1	1	32	16	8	4	0	0	0	0	1	x_5	x_6	x_7	x_8	1*	0	0
3	C_3	32	0	1	0	16	8	4	2	0	0	0	0	0	1	x_5	x_6	x_7	x_8	1*	0
2	C_2	16	0	0	1	8	4	2	1	0	0	0	0	0	0	1	x_5	x_6	x_7	x_8	1*
1	C_1	0	0	0	0	8	4	2	1	0	0	0	0	0	0	0	1	x_5	x_6	x_7	x_8 1*

注：1. $x_5 \sim x_8$ 码以及 $B_1 \sim B_{12}$ 码下面的数值为该码的权值。

　　2. B_{12}^* 与 1* 项为收端解码时 Δ/2 补差项，此表用于编码时，没有 B_{12}^* 项，且 1* 项为零。

线性码栏中的"1"项对应非线性码的量化段的起始电平，第一量化段的起始电平为零，故在线性码栏中，在其所对应的位置为 0。另外在非线性码栏中的 $x_5 \sim x_8$，所对应的电平与非线性码栏中该量化段的段内码电平一致。

将 7 位非线性码变换成 11 位线性码的过程称为 7/11 变换。

设 C_i 为第 i 量化段的"段落标志"，即 $C_i = 1$ 表示量化电平属于第 i 量化段的电平。于是有

$$C_8 = x_2 x_3 x_4 \qquad C_7 = x_2 x_3 \overline{x}_4 \qquad C_6 = x_2 \overline{x}_3 x_4$$
$$C_5 = x_2 \overline{x}_3 \overline{x}_4 \qquad C_4 = \overline{x}_2 x_3 x_4 \qquad C_3 = \overline{x}_2 x_3 \overline{x}_4$$
$$C_2 = \overline{x}_2 \overline{x}_3 x_4 \qquad C_1 = \overline{x}_2 \overline{x}_3 \overline{x}_4$$

根据表 3-7 可得出 x_i 与 B_i 之间的逻辑表达式。例如，线性码 B_i 的权值为 1 024Δ，对应于非线性码只有一种情况，即第⑧量化段的 $C_8 = 1$，要求变换后的线性码 $B = 1$；又如线性码 B_4 的权值为 128Δ，对应于 128Δ 的非线性码有 4 种情况：

(1) 第⑧量化段（$C_8 = 1$）的 $x_7 = 1$ 时，即 $C_8 x_7 = 1$；

(2) 第⑦量化段（$C_7 = 1$）的 $x_6 = 1$ 时，即 $C_7 x_6 = 1$；

(3) 第⑥量化段（$C_6 = 1$）的 $x_5 = 1$ 时，即 $C_6 x_5 = 1$；

(4) 第⑤量化段（$C_5 = 1$）时。

这 4 种情况均要求变换后的线性码 $B_4 = 1$。上述 4 种情况是逻辑"或"的关系，因此可写出下列 7/11 变换逻辑关系表达式：

$$B_1(1\,024\Delta) = C_8$$
$$B_2(512\Delta) = C_8 x_5 + C_7$$
$$B_3(256\Delta) = C_8 x_6 + C_7 x_5 + C_6$$

$$B_4(128\Delta)=C_8 x_7+C_7 x_6+C_6 x_5+C_5$$

$$B_5(64\Delta)=C_8 x_8+C_7 x_7+C_6 x_6+C_5 x_5+C_4$$

$$B_6(32\Delta)=C_8^*+C_7 x_8+C_6 x_7+C_5 x_6+C_4 x_5+C_3$$

$$B_7(16\Delta)=C_7^*+C_6 x_8+C_5 x_7+C_4 x_6+C_3 x_5+C_2$$

$$B_8(8\Delta)=C_6^*+C_5 x_8+C_4 x_7+C_3 x_6+C_2 x_5+C_1 x_5$$

$$B_9(4\Delta)=C_5^*+C_4 x_8+C_3 x_7+C_2 x_6+C_1 x_6$$

$$B_{10}(2\Delta)=C_4^*+C_3 x_8+C_2 x_7+C_1 x_7$$

$$B_{11}(\Delta)=C_3^*+C_2 x_8+C_1 x_8$$

$$B_{12}(\Delta/2)=C_2^*+C_1^*$$

式中"+"表示"或"运算,相乘表示"与"运算。打"*"为收端解码用。

4. 编码器

实现编码的具体方法很多,如逐次对分反馈型、级联型和混合型编码器。这里只讨论比较常用的逐次对分反馈型编码器。

(1) 逐次对分反馈型编码器基本原理

从表 3-4 可以看出,段落码 $x_2=0$ 表示样值位于 8 个段的 1～4 大段;$x_2=1$ 表示样值位于 5～8 大段。所以在编 x_2 码时,将样值 $|u_s|$ 和 1～4 大段与 5～8 大段的分界点电平 128Δ 进行比较。若 $|u_s|>128\Delta$,则 $x_2=1$;反之则 $x_2=0$。在确定 $x_2=0$ 后,由于 $x_3=0$ 表示样值位于 1～2 大段;$x_3=1$ 表示样值位于 3～4 大段,所以确定 $x_2=0$ 后编 x_3 码时,将 $|u_s|$ 和 1～2 大段与 3～4 大段的分界点电平 32Δ 进行比较。若 $|u_s|>32\Delta$,则 $x_3=1$;反之则 $x_3=0$。在确定 $x_2=1$ 后,由于 $x_3=0$ 表示样值位于 5～6 大段,$x_3=1$ 表示样值位于 7～8 大段,所以在确定 $x_2=1$ 后编 x_3 码时,将 $|u_s|$ 和 5～6 段与 7～8 段的分界点电平 512Δ 进行比较。若 $|u_s|>512\Delta$,则 $x_3=1$;反之则 $x_3=0$。其余码位编码过程依此类推。总之,编第 i ($i=1～8$)位码 x_i 时将 $|u_s|$ 与一个个对象进行比较,这个比较对象称为下权值,用 $u_{ri}(i=1～8)$ 来表示,u_{ri} 表示编第 i 位码时的下权值。编段落码 $x_2～x_4$ 时的下权值 u_{r2}、u_{r3}、u_{r4} 的确定可用图 3-19 的流程图来表示。

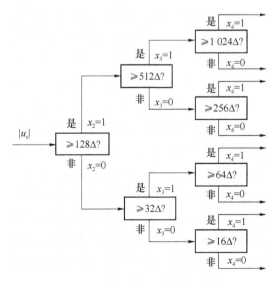

图 3-19　编段落码下权值的确定

在 $u_{r2}=128\Delta$ 后,u_{r3} 为多少要由已编出的 x_2 来决定。若 $x_2=0$,则 $u_{r3}=32\Delta$;若 $x_2=1$,则 $u_{r3}=512\Delta$。u_{r4} 为多少则由已编出的 x_2x_3 共同决定。若 $x_2x_3=00$,则 $u_{r4}=16\Delta$;若 $x_2x_3=01$,则 $u_{r4}=64\Delta$;若 $x_2x_3=10$,则 $u_{r4}=256\Delta$;若 $x_2x_3=11$,则 $u_{r4}=1\,024\Delta$。显而易见,编极性码 x_1 时的下权值 u_{r1} 应为 0。

因此在这种编码方案中,编码实际上就是比较的过程。编 n 位码要比较 n 次,每次比较都是将样值 u_s 同所属段落的中间值进行比较。编段内码 $x_5\sim x_8$ 时的下权值可由下面式子加以确定:

$$u_{r5}=段落起始电平+\frac{1}{2}段落差$$

$$u_{r6}=段落起始电平+\frac{x_5}{2}段落差+\frac{1}{4}段落差$$

$$u_{r7}=段落起始电平+\frac{x_5}{2}段落差+\frac{x_6}{4}段落差+\frac{1}{8}段落差$$

$$u_{r8}=段落起始电平+\frac{x_5}{2}段落差+\frac{x_6}{4}段落差+\frac{x_7}{8}段落差+\frac{1}{16}段落差$$

上面各表达式的含义是不难理解的,在 u_{r5} 的表达式中,由于段落起始电平和段落差都要由已编出的 $x_2\sim x_4$ 来决定,所以 u_{r5} 要由 $x_2\sim x_4$ 来决定,同样 u_{r6} 要由 $x_2\sim x_5$ 决定,……,u_{r8} 要由 $x_2\sim x_7$ 来决定。因此这种编码方案有几个特点:一是编码是通过一次次的比较实现的,编几位码就要进行几次比较,这就是逐次的含义;二是每次比较都以非线性段落(编段落码)或线性段落(编段内码)的中间值作为下权值,这就是对分的含义;三是编第 i 位码时下权值 u_{ri}(除 $i=1$、2 外)都要由前面已编出的 $i-1$ 位码来决定,所以要将前面已编出的码位反馈回来控制下一个下权值的输出,这就是反馈的含义。因此这种编码方案称为 A 律 13 折线逐次对分反馈型编码方案。

例 3-3 设输入信号抽样值 $u_s=-500\Delta$(Δ 为一个量化单位,表示输入信号归一化值的 $1/2\,048$);采用逐次对分比较型编码器,按 A 律 13 折线编成 8 位码 $x_1\sim x_8$。

解 编码过程如下。

(1)确定极性码 x_1

由于 u_s 为负,故极性码 $x_1=0$。

(2)确定段落码 $x_2\sim x_4$

参考图 3-19 可知 $u_{r2}=128\Delta$。

$|u_s|=500\Delta>128\Delta$,$x_2=1$,故 $u_{r3}=512\Delta$。

$|u_s|=500\Delta<512\Delta$,$x_3=0$,故 $u_{r4}=256\Delta$。

$|u_s|=500\Delta>256\Delta$,$x_4=1$。

经过以上 3 次比较,段落码 $x_2x_3x_4=101$,说明样值信号处于第 6 段,段落起始电平为 256Δ,段落差 $=512\Delta-256\Delta=256\Delta$,量化间隔均为 $\delta_6=16\Delta$。

(3)确定段内码 $x_5x_6x_7x_8$

段内码是在已知输入信号的抽样值 $|u_s|$ 所处段落的基础上,进一步表示 $|u_s|$ 在该段落的哪一量化级(量化间隔)。

$$u_{r5}=\left(256+\frac{1}{2}\times256\right)\Delta=384\Delta$$

因为 $|u_s| = 500\Delta > 384\Delta$，所以 $x_5 = 1$。

$$u_{r6} = \left(256 + \frac{1}{2} \times 256 + \frac{1}{4} \times 256\right)\Delta = 448\Delta$$

因为 $|u_s| = 500\Delta > 448\Delta$，所以 $x_6 = 1$。

$$u_{r7} = \left(256 + \frac{1}{2} \times 256 + \frac{1}{4} \times 256 + \frac{1}{8} \times 256\right)\Delta = 480\Delta$$

因为 $|u_s| = 500\Delta > 480\Delta$，所以 $x_7 = 1$。

$$u_{r8} = \left(256 + \frac{1}{2} \times 256 + \frac{1}{4} \times 256 + \frac{1}{8} \times 256 + \frac{1}{16} \times 256\right)\Delta = 496\Delta$$

因为 $|u_s| = 500\Delta > 496\Delta$，所以 $x_8 = 1$。

抽样值 $u_s = -500\Delta$ 的 PCM 码为 01011111。

在发送端，

$$码字电平 = 256\Delta + (8 + 4 + 2 + 1)\Delta = 496\Delta$$

在接收端，

$$解码电平 = 码字电平 + \frac{1}{2}\delta_6 = 496\Delta + 8\Delta = 504\Delta$$

所以

$$量化误差 = |504 - 500|\Delta = 4\Delta$$

如例 3-3 中除极性码外的 7 位非线性码 1011111，利用 7/11 变换逻辑关系表达式，可求出相对应的 11 位线性码为 00111110000。

00111110000 线性码的量化电平为

$$量化电平 = (1\,024B_1 + 512B_2 + 256B_3 + \cdots + 2B_{10} + B_{11})\Delta = 496\Delta$$

由此证明 7 位非线性码和 11 位线性码之间的量化电平相等，因此 7 位非线性码与 11 位线性码间的转换是成立的。

（2）编码器构成

根据该编码方案基本原理和折叠码特点，逐次对分反馈型编码器的原理方框图如图 3-20 所示，它包括极性判决电路、幅度比较电路和局部解码电路。

极性判决电路是将样值信号 u_s 与下权值 $u_{r1} = 0$ 进行比较，根据样值信号的正或负确定极性码 x_1 是 1 还是 0。

幅度比较电路是根据全波整流电路送来的 $|u_s|$ 和 $u_{ri}(i = 2 \sim 8)$ 的比较确定幅度码 $x_2 \sim x_8$。

局部解码电路是根据已经编出的码位确定下一次比较所需输出的下权值 u_{ri}。

局部解码电路由记忆电路、7/11 变换电路、11 个控制逻辑开关、11 个恒流源（或恒压源）组成。要编出 7 位非线性码，每个段落范围都要有 16 个下权值，8 个段落共需 $8 \times 16 = 128$ 个下权值，但实际上只要用各个段落的分界点电平 $1\,024\Delta$、512Δ、256Δ、128Δ、64Δ、32Δ、16Δ 以及第一大段各段内分界点电平 8Δ、4Δ、2Δ、Δ 即可组合出编码时所需的 128 个下权值。这些下权值可用恒流源（或恒压源）代替。

局部解码电路工作原理为：记忆电路将比较器送出的 x_i 储存起来，并由串行码变为并行码，用 M_i 来表示；并行码 $M_2 \sim M_8$ 经 7/11 变换电路变换成 11 位控制脉冲 $B_1 \sim B_{11}$；$B_1 \sim B_{11}$

控制恒流源输出,得到比较器所需下权值 u_{ri}。

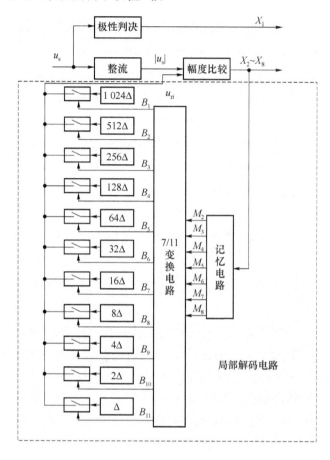

图 3-20　逐次反馈型编码器构成

5. 译码器

电阻网络型译码器的原理框图如图 3-21 所示,它与逐次比较型编码中的局部译码器类似。从原理上说,两者都是用来译码,但编码器中的译码,只译出信号的幅度,不译出极性。而收端的译码器在译出信号幅度值的同时,还要恢复出信号的极性。电阻网络型译码器各部分电路的作用简述如下。

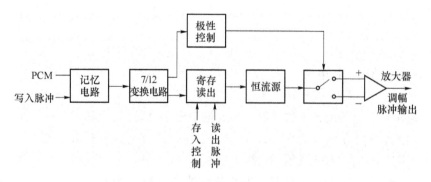

图 3-21　电阻网络型译码器原理框图

记忆电路用来将串行码变成并行码,故可称为"串/并变换"电路。7/12 变换电路与编码器中 7/11 变换电路的作用类似,起非线性变换作用。为了减少量化误差,译码时补了半个量化级差(所处段的半量化级),故为 12 位线性码。极性控制电路用来恢复译码后的脉冲极性。寄存读出电路把寄存的信号在一定时刻并行输出到恒流源中的译码逻辑电路上去,使之产生所需的各种逻辑控制脉冲。这些逻辑控制脉冲加到恒流源的控制开关上,从而驱动权值电流电路产生译码输出。

例 3-4　设收到码组为 11110011,将其译码输出。

解　从码组 $x_1=1$ 知道样值脉冲为正极性,由段落码 $x_2 \sim x_4=111$ 知道样值脉冲处在第 8 大段内,第 8 大段的起始电平为 $1\,024\Delta$,段内码 $x_5 \sim x_8=0011$,此时信号在第 8 大段第 3 小段量化级,第 8 大段的每个量化级差 $\delta_8=64\Delta$,所以可方便得出对应 12 位线性码。

B_1	B_2	B_3	B_4	B_5	B_6	B_7	B_8	B_9	B_{10}	B_{11}	B_{12}
1 024	512	256	128	64	32	16	8	4	2	1	$\frac{1}{2}$
1	0	0	1	1	1	0	0	0	0	0	0

12 位线性码中第 6 位 B_6 是为了减小量化误差所加的半个量化级差。

再由所得的线性码算出译码后的量化电平:

$$量化电平=(1\,024+128+64+32)\Delta=1\,248\Delta$$

这个结果是补上了半个量化级差 $\dfrac{\delta_8}{2}=32\Delta$ 后的解码电平,所产生的误差最小,可使量化噪声的功率减少 6 dB。

3.2.3　PCM 系统的噪声性能

PCM 系统输出的信号是模拟信号,因此系统的可靠性仍然可用系统输出信噪比来衡量。PCM 系统的噪声来自两方面,即量化过程中形成的量化噪声,以及在传输过程中经信道混入的加性高斯白噪声。因此通常将 PCM 系统输出端总的信噪比定义为

$$\left(\frac{S_0}{N_0}\right)_{PCM}=\frac{S_0}{N_q+N_e}=\frac{\dfrac{S_0}{N_q}}{1+\dfrac{N_e}{N_q}}$$

式中,S_0 为系统输出端信号的平均功率,N_q 为系统输出端量化噪声的平均功率,N_e 为系统输出端信道加性噪声的平均功率。

量化噪声和信道加性噪声相互独立,所以先分别讨论它们单独作用时系统的性能,然后再分析系统总的抗噪声性能。

1. 量化噪声对系统的影响

PCM 系统输出端的量化信号与量化噪声的平均功率比为

$$\frac{S_0}{N_q}=M^2$$

对于二进制编码,设其编码位数为 n,则上式又可写为

$$\frac{S_0}{N_q} = 2^{2n}$$

2. 加性噪声对系统的影响

仅考虑信道加性噪声时 PCM 系统的输出信噪比为

$$\frac{S_0}{N_q} = \frac{1}{4P_e}$$

从式中可以看出,由于误码引起的信噪比与误码率成反比。

3. PCM 系统接收端输出信号的总信噪比

PCM 系统输出端总的信号噪声功率比为

$$\left(\frac{S_0}{N_0}\right)_{PCM} = \frac{M^2}{1+4M^2 P_e} = \frac{2^{2n}}{1+4P_e 2^{2n}}$$

此式表明,当误码率较低时,如 $P_e < 10^{-6}$,PCM 系统的输出信噪比主要取决于量化信噪比 $\frac{S_0}{N_q}$。当信道中信噪比较低时,即误码率 P_e 较高时,PCM 系统的输出信噪比取决于误码率,且随误码率 P_e 的提高而下降。一般来说,$P_e = 10^{-6}$ 是很容易实现的。所以加性噪声对 PCM 系统的影响往往可以忽略不计,这说明 PCM 系统抗加性噪声的能力是非常强的。

3.2.4　PCM 编解码器芯片

随着大规模集成技术的发展,由大规模集成电路制成的 PCM 编码器已广泛应用。这种集成电路大致可分为两类:一类是把编码器和译码器分别单独制造;另一类是把二者合并在同一块基片上。编译码器合在一起的又分两种实施方案:一种是多路公用编译器;另一种是单路编译码器。集成编译码器具有体积小、耗电少、稳定性高及成本低的优点,较典型的产品是美国 Intel 公司生产的 2910A(μ 律 24 路复用)、2911(A 律)及 2914(A 律)等。

实际中将 2911A 与 2912 配合使用,即可组成基本话路单元。现在已经将 PCM 编译码器与话路滤波器集成于一个单片之内,集成度进一步提高,且功耗有所下降,其型号为 2913 或 2914,2913 和 2914 与 2911 比较,增大了集成度,编译码器与滤波器做在同一芯片上,编译码有各自的 D/A 网络与参考电源,不需外接保持电容,降低了功耗,具有优良的抑制电源纹波能力,且同一片子既可工作于 μ 律又可工作于 A 律,只须控制改变不同的引脚即可。它们可像 2911 那样按固定数据率方式工作,也可按可变数据率工作方式工作,可变速率的频率范围是 64~4 096 kHz,也即编译码的速率可以从 64 kbit/s 变到 4 096 kbit/s,并且可在工作中动态改变。它除具有全片低功耗状态外,还可以分别只让发端部分或收端部分处于低功耗状态。总之,它的使用范围扩大了,使用灵活性增加了,抗干扰能力增强了,实际使用起来更方便了。由于篇幅有限不作详细介绍,仅列出几种典型的 PCM 芯片,见表 3-8。

表 3-8　几种典型的 PCM 编、译码芯片

公司	Intel	Intel	Intel	Intel	AMI	Mitel(加)	Motorola
型号	2910(μ) 2911(A)	2914 非同步	29C14	29C51	S3506	MT8960(μ) MT8963(A)	MC14402 MC14403
工艺	NMOS	NMOS	CHMOS	CHMOS	CMOS	CMOS	CMOS
组成部分	A/D、D/A 时隙分配 控制电路	A/D、D/A 发、收滤波器	A/D 发、 收滤波器	A/D 平衡 网络第二话 路编码	A/D、D/A 发、收滤波 器	A/D、D/A 发、收滤波器	A/D、D/A 发、收滤波器
管脚	22 24	24 20	28	28	22 28	18 20 24	16 18 22
电源/V	±5 ±12	±5	±5	±5	±5	±5	±5 或 ±10
工作功耗/mW 低功耗/mW	230 33	170 10	70 5	90 8	110 9	40 2.5	45~70 3
D/A A/D	R 串逐次逼近				C-R 压扩逐 次逼近		C-R 压扩逐 次逼近
参考源 U_{REF}	内含＋3.15 V	内含 μ、A 可选择	内含	内含	内含	外接 2.5 V	内含 3.14 V 或外接

3.3　增量调制

增量调制简称 ΔM 或增量脉码调制方式(DM)，它是继 PCM 后出现的又一种模拟信号数字化的方法。1946 年由法国工程师 De Loraine 提出，目的在于简化模拟信号的数字化方法。主要在军事通信和卫星通信中广泛使用，有时也作为高速大规模集成电路中的 A/D 转换器使用。

3.3.1　增量调制的基本原理

所谓增量调制就是将信号瞬时值与前一个抽样时刻的量化值之差进行量化，而且只对这个差值的符号进行编码。因此量化只限于正和负两个电平，即用一位码来传输一个抽样值。如果差值为正，则发"1"码；如果差值为负，则发"0"码。显然，数码"1"和"0"只是表示信号相对于前一时刻的增减，而不代表信号值的大小。这种将差值编码用于通信的方式就称为"增量调制"。下面借助于图 3-22 来进一步说明增量调制的基本原理。

图中 $m(t)$ 是一个频带有限的模拟信号，时间轴 t 被分成许多相等的时间段 Δt，如果 Δt 很小，则 $m(t)$ 在间隔为 Δt 的时刻上得到的相邻的差值也将很小。如果把代表 $m(t)$ 幅度的纵轴也分成许多相等的小区间 σ，那么模拟信号 $m(t)$ 就可用如图 3-22(a)所示的阶梯波形 $m'(t)$ 来逼近。显然，只要时间间隔 Δt 和台阶 σ 都很小，则 $m(t)$ 和 $m'(t)$ 将会相当地接近。阶梯波形只有上升一个台阶 σ 或下降一个台阶 σ 两种情况，因此可以把上升一个台阶 σ 用

"1"码来表示,下降一个台阶 σ 用"0"码来表示,这样图中连续变化的模拟信号 $m(t)$ 就可以用一串二进码序列来表示,从而实现了模/数转换。在接收端,只要每收到一个"1"码就使输出上升一个 σ 值,每收到一个"0"码就使输出下降一个 σ 值。当收到连"1"码时,表示信号连续增长,当收到连"0"码时,表示信号连续下降。这样就可以恢复出与原模拟信号 $m(t)$ 近似的阶梯波形 $m'(t)$,从而实现了数/模转换。

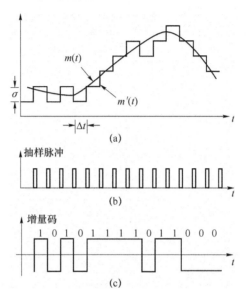

图 3-22 增量调制波形及编码

ΔM 系统的实现框图如图 3-23 所示。发送端的编码器由相减器、判决器、积分器及抽样脉冲发生器组成。其工作过程如下。

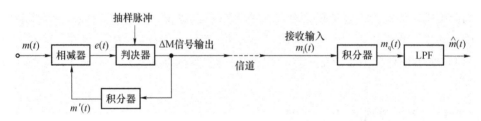

图 3-23 增量调制系统框图

将模拟信号与积分器输出的斜变波形 $m'(t)$ 进行比较,为了获得这个比较结果,先通过相减器进行相减得到二者的差值,然后在抽样脉冲作用下将这个差值进行极性判决。如果在给定抽样时刻 t_i 有 $m(t)\Big|_{t=t_i} - m'(t)\Big|_{t=t_{i-}} > 0$,则判决器输出"1"码;如果两者的差值小于 0,则输出"0"码。这里,t_{i-} 是 t_i 时刻的前一瞬间,即相当于在阶梯波形跃变点的前一瞬间。于是,编码器就输出一个二进码序列。

接收端的译码器由积分器和低通滤波器组成,其中积分器与编码器中的积分器完全相同。ΔM 译码器的工作过程如下:积分器遇到"1"码(即有 $+E$ 脉冲电压),就以固定斜率上升一个 ΔE,并让 $\Delta E = \Delta$;遇到"0"码(即有 $-E$ 脉冲电压),就以固定斜率下降一个 ΔE。图 3-24 表示了积分器的输入与输出波形。由图可以看到,积分器的输出波形并不是阶梯波形,而是一个斜变波形。但因 $\Delta E = \Delta$,故在所有抽样时刻 t_i 上斜变波形与阶梯波形有完全相同的值。因而,斜变波形与原来的模拟信号相似。积分器输出的斜变波经低通滤波器之后就变得十分接近于信号 $m(t)$ 了。

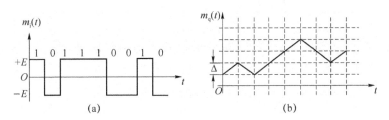

图 3-24　积分器译码示意图

3.3.2　量化噪声和过载噪声

在 ΔM 中量化误差产生的噪声可分为一般量化噪声(颗粒噪声)和斜率过载(量化)噪声。前者是由电平的量化产生的,而后者是由于当输入信号的斜率较大,调制器跟踪不及而产生的。下面对这两种噪声进行分别讨论。

1. 量化噪声

由于 ΔM 信号是按台阶 Δ 来量化的,因而也必然存在量化误差 $e_q(t)$,也就是所谓的量化噪声。量化误差可以表示为

$$e_q(t) = m(t) - m'(t)$$

正常情况下,$e_q(t)$ 在 $(-\Delta, +\Delta)$ 范围内变化。假设随时间变化的 $e_q(t)$ 在区间 $(-\Delta, +\Delta)$ 均匀分布,则 $e_q(t)$ 的平均功率可表示成

$$E[e_q^2(t)] = \int_{-\sigma}^{+\sigma} e^2 f_q(e)\mathrm{d}e = \frac{1}{2\sigma}\int_{-\sigma}^{+\sigma} e^2 \mathrm{d}e = \frac{\Delta^2}{3}$$

此式表明,ΔM 的量化噪声功率与量化阶距电压的平方成正比。

2. 过载噪声

因为在 ΔM 中每个抽样间隔内只容许有一个量化电平的变化,所以当输入信号的斜率比抽样周期决定的固定斜率大时,量化阶的大小便跟不上输入信号的变化,因而产生斜率过载失真,它所产生的噪声称为斜率过载噪声,如图 3-25 所示。在正常工作时,过载噪声必须加以克服。下面来讨论不发生过载失真的条件。

由图 3-22 可见,$m'(t)$ 的增长速度是每 T_s 时间增长 Δ,因此其最大可能斜率为 Δ/T_s。为了避免过载失真,必须使

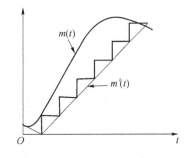

图 3-25　ΔM 的过载失真

$$\left|\frac{\mathrm{d}m(t)}{\mathrm{d}t}\right|_{max} \leqslant \frac{\Delta}{T_s}$$

式中,$\left|\dfrac{\mathrm{d}m(t)}{\mathrm{d}t}\right|_{max}$ 是信号 $m(t)$ 的最大斜率。

设输入是单音频信号 $m(t) = A\sin\omega t$ 时,有

$$\left|\frac{\mathrm{d}m(t)}{\mathrm{d}t}\right|_{\max} \leqslant A\omega$$

在这种特殊的情况下,可得不发生过载失真的条件为

$$A\omega \leqslant \Delta f_s$$

由式可见,当模拟信号的幅度或频率增加时,都可能引起过载。为了控制量化噪声,量化阶距电压 Δ 不能过大。因此若要避免过载噪声,在信号幅度和频率都一定的情况下,只有提高频率 f_s,即使 f_s 满足

$$f_s \geqslant (A/\Delta)\omega$$

由于 $A \gg \Delta$,所以为了不至于发生过载现象,ΔM 的抽样频率要比 PCM 的抽样频率高得多。

例如,ΔM 系统的动态范围 $(D)_{\Delta M}$ 定义为最大允许编码幅度 $A_{\max} = \Delta f_s/2\pi f$ 与最小可编码电平 $A_{\min} = \Delta/2$ 之比,即

$$(D)_{\Delta M} = 20\lg\frac{A_{\max}}{A_{\min}} = 20\lg\frac{f_s}{\pi f}$$

若设语音信号的频率为 $f = 1\,\mathrm{kHz}$,并要求其变化的动态范围为 40 dB,则有

$$20\lg\frac{f_s}{\pi f} = 40$$

因此不发生过载,f_s 的取值为 $f_s \approx 300\,\mathrm{kHz}$。

在 PCM 系统中,对于频率为 1 kHz 的语音信号进行抽样,抽样频率为 2 kHz。与之相比,ΔM 系统的 f_s 比 PCM 系统的抽样频率大很多。

需要指出的是,在 ΔM 系统中所说的抽样频率,实际上是系统最终输出的二进制码元速率,它与抽样定理中定义的抽样速率物理意义是不同的。

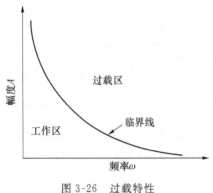

图 3-26 过载特性

在抽样频率和量化阶距电压都一定的情况下,为了避免过载发生,输入信号的频率和幅度关系应保持在图 3-26 过载特性所示的临界线之下。

在临界情况下,有

$$A_{\max} = \frac{\Delta f_s}{2\pi f}$$

该式说明,输入信号所允许的最大幅度与 Δf_s 成正比,与输入信号的频率成反比,因此输入信号幅度的最大允许值必须随信号频率的上升而下降。频率增加一倍,幅度必须下降 6 dB。这正是增量调制不能实用的原因。在实际应用中,多采用 ΔM 的改进型——总和增量调制 $(\Delta\text{-}\Sigma M)$ 系统和数字压扩调制。

3.3.3 增量调制系统的抗噪声性能

增量调制系统的信噪比与 PCM 相似,包括以下两部分。

1. 量化产生的量化信噪比

ΔM 系统输出最大的信噪比为

$$\left(\frac{S_0}{N_q}\right)_{\max} = \frac{3}{8\pi^2} \cdot \frac{f_s^3}{f_c^2 f_m} \approx 0.04 \frac{f_s^3}{f_c^2 f_m}$$

式中,f_s 为抽样频率,f_c 为信号的频率,f_m 为低通滤波器的截止频率。从上式可以看出,在临界条件下,量化信噪比与抽样频率的 3 次方成正比,与信号频率的平方成反比,与低通滤波器的截止频率成反比。所以,提高抽样频率对改善量化信噪比大有好处。

2. 由于加性干扰噪声的误码信噪比

误码造成的信噪比为

$$\frac{S_0}{N_e} = \frac{\sigma^2 f_s^2}{8\pi^2 f^2} \Big/ \left(\frac{2\sigma^2 P_e}{T_s \pi^2 f_1}\right) = \frac{f_1 f_s}{16 f^2 P_e}$$

从上式可以看出,在已知信号频率 f、抽样频率 f_s 及低通滤波器截止频率 f_m 时,ΔM 系统输出的误码信噪比与误码率成反比。

考虑到量化信噪比及误码信噪比,ΔM 系统输出总信噪比由下式决定:

$$\frac{S_0}{N_q + N_e} = \frac{3 f_1 f_s^3}{8\pi^2 f_1 f_m f^2 + 48 P_e f^2 f_s^2}$$

当误码率很小时,ΔM 系统的输出信噪比主要由量化信噪比决定。

3.3.4　PCM 与 ΔM 系统的比较

PCM 和 ΔM 都是模拟信号数字化的基本方法,ΔM 实际上是 DPCM 的一种特例,所以有时把 PCM 和 ΔM 统称为脉冲编码。但应注意,PCM 是对样值本身编码,ΔM 是对相邻样值的差值极性(符号)的编码,这是 ΔM 与 PCM 的本质区别。

1. 抽样速率

PCM 系统中的抽样速率 f_s 是根据抽样定理来确定的。若信号的最高频率为 f_m,则 $f_s \geqslant 2 f_m$,对语音信号,取 $f_s = 8\ \text{kHz}$。

在 ΔM 系统中传输的不是信号本身的样值,而是信号的增量(即斜率),因此其抽样速率 f_s 不能根据抽样定理来确定,而是与最大跟踪斜率和信噪比有关。在保证不发生过载,达到与 PCM 系统相同的信噪比时,ΔM 的抽样速率远远高于奈奎斯特速率。

2. 带宽

ΔM 系统在每一次抽样时,只传送一位代码,因此 ΔM 系统的数码率为 $f_b = f_s$,要求的最小带宽为

$$B_{\Delta M} = \frac{1}{2} f_s$$

实际应用时,

$$B_{\Delta M} = f_s$$

而 PCM 系统的数码率为 $f_b = N f_s$。在同样的语音质量要求下,PCM 系统的数码率为 64 kHz,因而要求最小信道带宽为 32 kHz。而采用 ΔM 系统时,抽样速率至少为 100 kHz,则最小带宽为 50 kHz。通常,ΔM 速率采用 32 kHz 或 16 kHz 时,语音质量不如 PCM。

3. 量化信噪比

在相同的信道带宽(即相同的数码率 f_b)条件下,在低数码率时,ΔM 性能优越;在编码位数多、码率较高时,PCM 性能优越。这是因为 PCM 量化信噪比(dB)为

$$\left(\frac{S_0}{N_q}\right)_{PCM} \approx 10\lg 2^{2N} \approx 6N$$

它与编码位数 N 成线性关系,如图 3-27 所示。

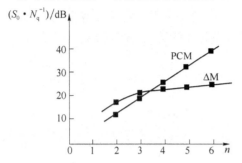

图 3-27 不同 n 值 PCM 与 ΔM 性能的比较曲线

ΔM 系统的数码率为 $f_b = f_s$,PCM 系统的数码率为 $f_b = 2Nf_m$。当 ΔM 和 PCM 的数码率 f_b 相同时,有 $f_s = 2Nf_m$,则 ΔM 的量化信噪比(dB)为

$$\left(\frac{S_0}{N_q}\right)_{\Delta M} \approx 10\lg\left[0.32N^3\left(\frac{f_m}{f_c}\right)^2\right]$$

它与编码位数 N 成对数关系,并与 f_m/f_c 有关。当取 $f_m/f_c = 3\,000/1\,000$ 时,它与 N 的关系如图 3-27 所示。比较两者曲线可看出,若 PCM 系统的编码位数 $N < 4$(码率较低),ΔM 的量化信噪比高于 PCM 系统。

4. 信道误码的影响

在 ΔM 系统中,每一个误码代表造成一个量阶的误差,所以它对误码不太敏感,故对误码率的要求较低,一般在 $10^{-3} \sim 10^{-4}$。而 PCM 的每一个误码会造成较大的误差,尤其高位码元,错一位可造成许多量阶的误差(例如,最高位的错码表示 2^{N-1} 个量阶的误差)。所以误码对 PCM 系统的影响要比 ΔM 系统严重些,故对误码率的要求较高,一般为 $10^{-5} \sim 10^{-6}$。由此可见,ΔM 允许用于误码率较高的信道条件,这是 ΔM 与 PCM 不同的一个重要条件。

5. 设备复杂度

PCM 系统的特点是多路信号统一编码,一般采用 8 位编码(对语音信号),编码设备复杂,但质量较好。PCM 一般用于大容量的干线(多路)通信。

ΔM 系统的特点是单路信号独用一个编码器,设备简单。单路应用时,不需要收发同步设备。但在多路应用时,每路独用一套编译码器,所以路数增多时设备成倍增加。ΔM 一般适于小容量支线通信,话路上、下方便灵活。

目前,随着集成电路的发展,ΔM 的优点已不再那么显著。在传输语音信号时,ΔM 话音清晰度和自然度方面都不如 PCM。因此,目前在通用的多路系统中很少用或不用 ΔM。ΔM 一般用在通信容量小和质量要求不十分高的场合以及军事通信和一些特殊通信中。

3.4 改进型增量调制

3.4.1 增量总和调制

对于高频成分丰富的输入信号 $m(t)$,由于其在波形上急剧变化的时刻比较多,所以,如果直接进行 ΔM 调制,则往往造成阶梯波形 $m'(t)$ 跟不上 $m(t)$ 的变化,产生比较严重的过载噪声。而对低频成分丰富的输入信号 $m(t)$,由于其在波形上缓慢变化的时刻比较多,当幅度的变化在 $\sigma/2$ 以内,又会出现连续的"0"、"1"交替码,导致信号平稳期间幅度信息的丢失。总和增量调制（Δ-ΣM）技术可以解决这一问题。其基本思想是：在发送端让输入信号 $m(t)$ 先通过一个积分器，然后再进行增量调制。这里，积分器的作用是使 $m(t)$ 波形中原来变化急剧的部分变得缓慢，而原来变化平直的部分变得比较陡峭，这样就可以解决原输入信号急剧变化时易出现过载失真和缓慢变化时易出现空载失真的问题。由于对 $m(t)$ 先积分再进行增量调制，所以在接收端解调以后要再增加一级微分器，以便恢复出原信号。实际上，由于接收端的积分器和微分器的相互抵消作用，所以在 Δ-ΣM 系统的接收端只需要一个低通滤波器就可以恢复出原信号，其系统构成框图如图 3-28 所示。

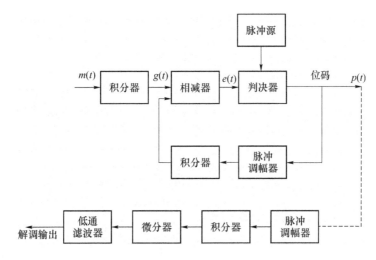

图 3-28　Δ-ΣM 调制器原理方框图

　　与 ΔM 系统类似，Δ-ΣM 系统也会发生过载现象。在 ΔM 系统中，不发生斜率过载的条件是

$$\left|\frac{\mathrm{d}m(t)}{\mathrm{d}t}\right|_{\max}\leqslant\frac{\Delta}{T_\mathrm{s}}$$

而在 Δ-ΣM 系统中，输入信号先经过积分器，然后再进行增量调制，这时图 3-28 中相减器的输入信号为

$$g(t)=\int m(t)\mathrm{d}t$$

因此，Δ-ΣM 系统不发生斜率过载的条件应为

$$\left|\frac{\mathrm{d}g(t)}{\mathrm{d}t}\right|_{\max}\leqslant\frac{\Delta}{T_\mathrm{s}}$$

由于 $\left|\dfrac{\mathrm{d}g(t)}{\mathrm{d}t}\right|_{\max}=|m(t)|_{\max}$，所以上式又可写为

$$|m(t)|_{\max}\leqslant\frac{\Delta}{T_\mathrm{s}}$$

　　为了与 ΔM 系统比较，仍设输入为单音频信号 $m(t)=A\sin\omega_\mathrm{k}t$。若要求不发生过载现象，则必须满足

$$A\leqslant\Delta f_\mathrm{s}$$

或写为

$$f_\mathrm{s}\geqslant\frac{A}{\Delta}$$

由此看出,Δ-ΣM 系统不发生过载的条件与信号的频率 f_k 无关。这意味着 Δ-ΣM 系统不仅适合于传输缓慢变化的信号,也适合于传输高频信号。

由于两个信号积分后的结果相减,与先相减后积分是等效的,所以图 3-27 中的差值信号 $e(t)$ 可以写成

$$e(t) = \int m(t)\mathrm{d}t - \int p(t)\mathrm{d}t = \int [m(t) - p(t)]\mathrm{d}t$$

这样就可以把发送端的两个积分器合并成为在相减器后的一个积分器。合并后的 Δ-ΣM 系统组成如图 3-29 所示。

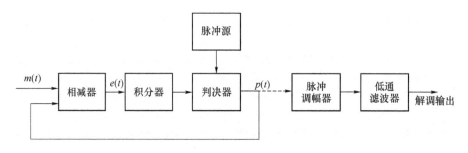

图 3-29　Δ-ΣM 调制器简化方框图

3.4.2　数字压扩自适应增量调制

在增量调制系统中,量化阶距 Δ 是固定不变的,因此,当输入信号出现剧烈变化时,系统就会过载。为了克服这一缺点,希望 Δ 值能随 $f(t)$ 的变化而自动地调整大小,这就是自适应增量调制(AΔM)的概念。它的基本思想是要求量阶 Δ 随输入信号 $m(t)$ 的变化而自动地调整,即在检测到斜率过载时开始增大量阶 Δ;斜率减小时降低量阶 Δ。目前,自适应增量调制的方法有多种,采用较为广泛的是数字压扩增量调制系统,它是数字检测、音节压缩与扩张自适应增量调制的简称,其工作原理框图如图 3-30 所示。

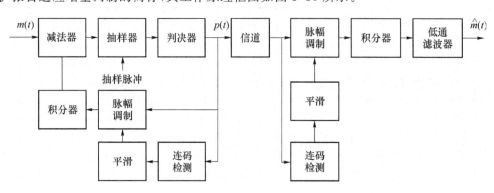

图 3-30　数字音节压扩 ΔM 框图

与 ΔM 系统相比,AΔM 系统增加了数字检测电路、平滑电路和脉冲幅度调制电路。

数字检测指的是自适应地改变量阶 Δ 的控制信息。音节是指输入信号包络变化的一个周期。这个周期一般是随机的,但大量统计证明,这个周期趋于某一固定值。确切地讲,音节指的就是这个固定值。对于话音信号而言,一个音节约为 10 ms。那么,音节压扩指的

是量阶 Δ 并不瞬时地随输入信号幅度变化,而是随输入信号的音节变化。

由 ΔM 系统的原理可知,在输入信号斜率的绝对值很大时,ΔM 系统的编码输出中就会出现很多的连"1"码(对应正斜率)或连"0"码(对应负斜率)。连"1"或连"0"码数越多,说明信号的斜率就越大。可见,编码输出信号中包含着斜率大小的信息。数字检测器的作用就是检测连"1"或连"0"码的长度。当它检测到一定长度的连"1"或连"0"码时,就输出一定宽度的脉冲,连"1"或连"0"码越多,检测器输出的脉冲宽度就越宽。然后,将这个输出脉冲加到平滑电路进行音节平均。平滑电路实际上是一个积分电路,它的时间常数与语音信号的音节相近(为 5～20 ms)。因此,它的输出信号是一个以音节为时间常数缓慢变化的控制电压,其电压的幅度与语音信号的平均斜率成正比。在这个电压的作用下,PAM 使输入端的数字码流脉冲幅度得到加权。控制电压越大,PAM 输出的脉冲幅度就越高,反之就越低,这就相当于本地译码输出信号的量化阶距随控制电压的大小线性地变化。由于控制电压在音节内已被平滑,因此可以认为在一个音节内它基本上是不变的,在不同的音节内才发生变化。

3.5　自适应差分脉冲编码调制

以较低的速率获得高质量编码一直是语音编码追求的目标。通常,人们把话路速率低于 64 kbit/s 的语音编码方法,称为语音压缩编码技术。语音压缩编码方法很多,其中,自适应差分脉冲编码调制(ADPCM)是语音压缩中复杂度较低的一种编码方法,它可在 32 kbit/s 的比特率上达到 64 kbit/s 的 PCM 数字电话质量。近年来,ADPCM 已成为长途传输中一种国际通用的语音编码方法。

ADPCM 是在差分脉冲编码调制(DPCM)的基础上发展起来的,为此,下面先介绍 DPCM 的编码原理与系统框图。

3.5.1　差分脉冲编码调制

对图像信号进行编码时,由于图像信号的瞬时斜率比较大,因此不宜采用 ΔM 调制,否则容易过载。如果采用 PCM,则数码率太高。例如,对于频带为 1 MHz 的可视电话进行编码,根据抽样定理,抽样速率 $f_s \geqslant 2$ MHz,若取 8 位码,数码率为 16 Mbit/s。对于电视信号,图像基带为 6～8 MHz,若也取 8 位码,则数码率将大于 100 Mbit/s。因此在图像信号编码中,一般采用 DPCM 来压缩数码率。DPCM 的方框图如图 3-31 所示。

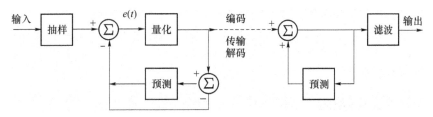

图 3-31　DPCM 系统原理框图

DPCM 综合了 PCM 和 ΔM 的特点。它与 PCM 的区别是：在 PCM 中是用信号抽样值进行量化，编码后传输；而 DPCM 则是用信号抽样值与信号预测值的差值进行量化，编码后传输。它与 ΔM 的不同是：在 ΔM 中是用一位二进码表示增量；而在 DPCM 中是用 n 位二进码表示增量。因此它是介于 ΔM 和 PCM 之间的一种编码方式。

由于 DPCM 是对差值进行编码，而差值信号的幅度要比原始信号的幅度小得多，因此可以用较少的位数对差值信号进行编码。在较好图像质量的情况下，每一抽样值只需 4 bit 即可，因此大大压缩了传送的比特率。另外，如果比特速率相同，则 DPCM 比 PCM 信噪比可改善 14~17 dB。与 ΔM 相比，由于它增多了量化级，因此改善量化噪声方面也优于 ΔM。DPCM 的缺点是较易受到传输线路噪声的干扰，即在抑制信道噪声方面不如 ΔM。因为当发生误码时，在 ΔM 中只产生一个增量的变化，而在 DPCM 中就可能产生几个量阶的变化，从而造成较大的输出噪声。因此，DPCM 很少独立使用，一般要结合其他的编码方法使用。

3.5.2　自适应差分脉冲编码调制

值得注意的是，DPCM 系统性能的改善是以最佳的预测和量化为前提的。但对语音信号进行预测和量化是复杂的技术问题，这是因为语音信号在较大的动态范围内变化。为了能在相当宽的变化范围内获得最佳的性能，只有在 DPCM 基础上引入自适应系统。有自适应系统的 DPCM 称为自适应差分脉冲编码调制，简称 ADPCM。

ADPCM 的主要特点是用自适应量化取代固定量化，用自适应预测取代固定预测。自适应量化指量化台阶随信号的变化而变化，使量化误差减小。自适应预测指预测器系数 $\{a_i\}$ 可以随信号的统计特性而自适应调整，提高了预测信号的精度，从而得到高于预期的增益。通过这两点改进，可大大提高输出信噪比和编码动态范围。

如果 DPCM 的预测增益为 6~11 dB，自适应预测可使信噪比改善 4 dB，自适应量化可使信噪比改善 4~7 dB，则 ADPCM 比 PCM 可改善 16~21 dB，相当于编码位数可以减少 3 位到 4 位。因此，在维持相同的语音质量下，ADPCM 允许用 32 kbit/s 比特率编码，这是标准 64 kbit/s PCM 的一半。因此，在长途传输系统中，ADPCM 有着远大的前景。

3.6　语音与图像压缩编码简介

语音、图像、数据等都是携带信息的主要载体，其中语音和图像属模拟信号范畴。由于数字通信和模拟通信比较有较多的优点，将语音和图像信号通过编码以实现数字化是必然趋势。但数字化的语音和图像与模拟时相比，需要用较高的数码率，占用较大的带宽和存储空间，是语音和图像数字化的主要障碍。压缩数字化语音和图像信号的数码率是实现语音和图像数字化的关键。编码技术的核心就是研究编码算法，用尽可能低的数码率获得尽可能好的语音和图像质量。

3.6.1　语音压缩编码简介

音频信号可分为语音信号和声音信号两大类。语音信号通常又被称为话音信号，一般是指人讲话时发出的声音，其频率范围通常为 0.3~3.4 kHz。语音信号是公用电话交换网传输的对象,在传输速率一定的情况下,衡量语音压缩算法好坏的主要指标是重建信号的可懂度和自然度。而声音信号是指人的听觉器官所能分辨的声音,通常又称其为自然声,其频谱从 3 Hz、4 Hz 一直扩展到 20 kHz 以上。对声音压缩的基本要求是高的抽样率,好的时间/频率分辨率,大的动态范围和低的失真度,且对音源的性质没有任何假设。

从编码方法上讲,语音压缩编码可以分为波形编码、参量编码和混合编码三大类。波形编码方法可以获得较高的语音质量,但数据压缩量不大。常见的语音编码国际标准有脉冲编码调制(PCM)的 μ 律或 A 律压缩,即国际电信联盟 ITU-T 的 G.711 标准;自适应差分脉冲编码调制(ADPCM),即 ITU-T 的 G.721 标准;子带编码的自适应脉码调制(SB-ADPCM),即 ITU-T 的 G.722 标准等。

参量编码是根据输入语音信号分析出模型参数,并传送给接收端,接收端根据得到的模型参数重新合成语音信号。这种编码方法并不是忠实地反映输入信号的原始波形,而是着眼于人耳的听觉特性,以保证解码语音信号的可懂度和自然度为目标。参量编码可以大大地降低编码速率。

混合编码是把波形编码的高质量和参量编码的低数据率相结合,因此可以得到较高的语音质量和较好的压缩效果,是语音编码的发展方向。其中效果较好的混合编码方法有多脉冲线性预测编码 MPLPC、码激励线性预测编码 CELPC、规则脉冲激励长时预测 LPC 编码 RPE-LTP、低延时码激励 LPC 编码 LD-CELPC 等。它们是靠传输语音的基本参数,如基音周期、共振峰、语音谱或声强等来压缩语音信号的冗余度,因此压缩比一般都较高。相应的国际标准有 1992 年 ITU-T 推荐的低延时码激励 LPC 编码标准 G728,其传输速率为 16 kbit/s,延时小于 2 ms,音质可以达到 ADPCM 的 32 kbit/s 编码水平。1996 年 ITU-T 推出了 G.723 极低码率语音压缩编码标准,传输速率为 5.27 kbit/s 和 6.3 kbit/s 两档,采用 ACELPC 方法。与其他相同码率的语音编码方法相比较,这两种编码方法都具有较高的语音质量和较低的编码延时(30～40 ms)。

对于声音压缩编码,国际标准化组织(ISO)推出的 MPEG-1 声音编码算法作为一种开放、先进、可分级的编码技术,是高保真声音压缩领域的第一个国际标准(ISO 11172.3)。MPEG 系列标准是关于视频和音频的压缩标准,有关图像压缩的内容将在后面介绍。MPEG-1 声音编码算法按照复杂度和压缩比递增分为一、二、三层。第一层的复杂度最低,在每声道 192 kbit/s 提供高质量的声音,第二层有中等复杂度,可在 128 kbit/s 的速率提供近 CD 质量的声音,第三层结合了 MUSICAM 和 ASPEC 的优点,可在每声道低于 128 kbit/s 的速率获得满意的质量。在使用时,可以根据不同的应用要求,使用不同的层来构成音频编码器。

由于 MUSICAM 只能传送两个声道,为此 MPEG 开展了低码率多声道编码方面的研究,将多声道扩展信息附加到 MPEG-1 音频数据帧结构的辅助数据段中,这样可以将声道扩展到 5.1 个,即 3 个前声道(左 L、中 C 和右 R)、两个环绕声道(左 LS 和右 RS)和一个超低音声道 LFE(常称为 0.1),由此形成了 MPEG-2 音频编码标准。MPEG-2 音频编码标准通常被称为 MUSICAM 环绕声。ISO 于 1998 年公布的 MPEG-4 声音编码标准将语音合成与自然音编译码相结合,更加注重多媒体系统的交互性和灵活性。MPEG-4 支持 2～64 kbit/s 的自然声编码,在技术上借鉴了已有的音频编码标准,如 G.732、G.728、MPEG-1、MPEG-2 等。为了在整个传输速率范围内得到较高的音频质量,规定了 3

种类型的编译码器：

① 参量编译码器，用于比特率从 2～10 kbit/s 的语音编码；

② 码激励线性预测编译码器，用于中比特率 6～16 kbit/s 的语音编码；

③ 采用以 MPEG-2 音频编码和矢量化技术的编译码器，用于高达 64 kbit/s 的声音编码。

表 3-9 给出了主要的音频压缩编码类型、编码方式、应用范围以及相应的国际标准等。

表 3-9　几种音频压缩编码的比较

算法		名称	数码率/ (kbit·s^{-1})	标准	应用范围	语音质量
波形编码	PCM	脉冲编码调制	64	G.711	公用电话 ISDN	4.3
	ADPCM	自适应差分脉码调制	32	G.721		4.1
	SB-ADPC	子带-自适应差分脉码调制	48/56/64	G.722		4.5
参量编码	LPC	线性预测编码	2.4		保密语音	2.5
混合编码	CELPC	码极激励 LPC			移动通信 语音信箱	3.0
	RPE-LTP	规则脉冲激励长时预测 LPC	12.2			3.8
	LD-CELP	低延时码激励 LPC	16	G.728	ISDN	4.0
声音编码	MPEG		128		CD	5.0

表 3-9 中，语音质量是采用主观评价标准对编码算法评价的结果。国际上最常采用的语音编码主观评价标准是平均评价分 MOS，它将语音分为 5 个等级：5 分为优，4 分为良，3 分为中，2 分为差，1 分为不可接受。4 分表示语音编码的质量高，又称为"网络级质量"。若语音编码使可懂度很高，但自然度（即讲话人的特征）不够，以至于难以分辨讲话人时，称此语音编码这里为"合成级质量"，MOS 不会超过 3 分。而 3.5 分则可达到"通信级质量"，这时，虽然可以发现语音质量下降，但不影响自然交谈。

3.6.2　图像压缩编码简介

由于图像信号经过数字化以后，数码率极高，可达 216 Mbit/s。所以，如果将 PCM 数字图像用于传输与存储显然是不可取的，因而必须进行数据压缩。

1. 图像压缩机理

能够进行图像压缩的机理主要来自两个方面：一是图像信号中存在着大量的冗余度可供压缩，这种冗余度在解码之后可无失真地恢复；二是利用人眼的视觉特性，在不被主观视觉察觉的容限内，通过减少信号的精度，以一定的客观失真换取数据压缩。

图像信号的冗余度存在于结构和统计两个方面。图像信号结构上的冗余度表现为很强的空间（帧内的）和时间（帧间的）相关性。图像信号统计上的冗余度来源于被编码信号概率分布的不均匀性。

由于图像的最终接受者是人的眼睛，因此充分利用人眼的视觉特性，是实现码率压缩的第二途径。人眼对图像细节、运动及对比度的分辨能力都有一定的限度，超过这个限度毫无意义。如果编码压缩方案能与人眼的视觉特性相匹配，就可以得到较高的压缩比。对人眼视觉特性的生理和心理研究，长期以来一直是计算机视觉、图像处理和图像压缩编码研究的一个重要思想源泉。

2. 图像压缩编码标准简介

近十年来,图像编码技术得到了迅速的发展和广泛的应用,并且趋于成熟,其标志就是几个关于图像编码的国际标准的制定。这些图像编码标准融合了各种传统的图像编码算法的优点,是对传统图像编码技术的总结,代表了当前图像编码的发展水平。

(1) JPEG 静止图像编码标准

JPEG 是联合专家组的简称,成立于 1986 年。JPEG 采用的是帧内编码技术。它规定了基本系统和扩展系统两个部分。在基本系统中,每幅图像都被分解为相邻的 8×8 图像块。对每个图像块采用离散余弦变换(DCT),得到 64 个变换系数,它们代表了该图像块的频率成分。然后,再用一个非均匀量化器来量化变换系数。对 DCT 系数量化后,再用 Z 字形扫描将系数矩阵变成一维符号序列,然后再进行 Huffman 编码,分配较长的码字给那些出现概率较小的符号。除了基本系统之外,JPEG 还包括"扩展系统",它可提供更多的算法、更高精度的像素值和更多的 Huffman 码表等。

(2) H.261 会议电视图像编码标准

H.261 是 ITU-T 第十五研究组在 1990 年 12 月针对可视电话和会议电视、窄带 ISDN 等要求实时编解码和低延时提出的一个编码标准。该标准的比特率为 $P \times 64$ kbit/s,这里 P 是整数,范围从 1~30,对应的比特率从 64 kbit/s~1.92 Mbit/s。

H.261 采用的是一个典型的混合编码方案。它大体上分为两种编码模式:帧内模式和帧间模式。对于平缓运动的人物图像,帧间模式将占主导地位;而对于画面切换频繁和运动剧烈的序列图像,则采用帧内模式。采用哪一种模式,由编码器作出判断。基本的判断准则是:哪一种模式给出较小的编码比特,那么就采用这种模式。

(3) MPEG-1 存储介质图像编码标准

MPEG 是活动图像专家组的简称,是从属于 ISO 的一个工作组。MPEG-1 标准于 1992 年通过,主要是为了数字存储介质中的视频、音频信息压缩,应用于 CD-ROM、数字录音带、计算机硬盘和可擦写光盘等存储介质。比特率不超过 1.5 Mbit/s,传输信道可以是 ISDN 和 LAN 等。

MPEG-1 对视频图像的编码过程类似于 H.261 标准,不同点是在 MPEG-1 中引入了双向运动补偿。

(4) MPEG-2 一般视频编码标准

尽管 MPEG-1 标准通过参数变更途径可以提供很宽比特率范围,但该标准主要的目的却是为了低于 1.5 Mbit/s 的 CD-ROM 的应用。为了满足高比特率、高质量的视频应用,MPEG 在 1994 年发布了 MPEG-2 标准,它特别适用于数字电视,比特率在 4~15 Mbit/s 之间,也可以进一步扩展到高清晰度电视(HDTV),比特率不超过 100 Mbit/s。

MPEG-2 与 MPEG-1 的主要差别在于对隔行视频的处理方式上。此外,MPEG-2 标准还提供了图像等级选择编码方式,还有支持扩充到高清晰度电视格式图像编码的能力,可以说它是迄今为止关于活动图像编码最完善的标准。

(5) H.263 极低码率的编码标准

H.263 建议是用于实现比特率低于 20 kbit/s 的窄带视频压缩的国际标准。它是在 H.261 基础上发展起来的,因而两者有许多相似之处。除了与 H.261 相类似的混合编码器之外，H.263 还参照 MPEG 标准引入了 I 帧、P 帧和 PB 帧 3 种帧模式和帧间编码、帧内编码两种编码模式。为了进一步提高压缩比，H.263 较 H.261 又采取了一些新的措施，例如，取消了 H.261 中的可选环路滤波器，将运动补偿精度提高到半像素机构度；改进了运动估值方法，充分利用了运动矢量的相干性来提高预测质量，减轻块效应；精简了部分附加信息的编码，提高了编码效率；采用三维 Huffman 编码、算术编码来进一步提高压缩比等。

（6）MPEG-4 多媒体通信编码标准

1998 年 11 月公布的 MPEG-4 是针对多媒体通信制定的国际标准。MPEG-4 旨在建立一种能被窄带、宽带网络，无线网络，多媒体数据库等各种存储和传输设备所广泛支持的通用音、视频数据格式，它不仅针对一定比特率下的音、视频编码，同时更加注重多媒体系统的交互性和灵活性。

与音频编码类似，MPEG-4 视频编码也支持自然和合成视频对象。合成视频对象包括 2D、3D 动画和人面部表情动画。对于静止视频对象，MPEG-4 采用小波编码，可提供多达 11 级的空间分辨率和质量可伸缩性。对于运动视频对象，为了支持基于对象的编码，引入了形状编码模型；为了支持高的压缩比，MPEG-4 仍然采用了 MPEG-1、MPEG-2 中的变换、预测混合编码框架。

纵观 MPEG 的发展过程，MPEG-1 使得 VCD 取代了传统的录像带；MPEG-2 将使数字电视最终完全取代现有的模拟电视；而高画质和音质的 DVD 也将取代现有的 VCD。MPEG-4 的出现必将对数字电视、动态图像、万维网（WWW）、实时多媒体键控、低比特率下的移动多媒体通信、内容存储和检索多媒体系统、Internet/Intranet 上的视频流和可视游戏、DVD 上的交互多媒体应用、演播电视等产生较大的推动作用，从而使数据压缩和传输技术更加规范化。

小 结

随着数字通信的迅猛发展，越来越多的模拟信息将依赖于数字通信系统传输，而模拟信号的数字化将是达到这一目的的必要手段。在通信系统中，在发送端将模拟信号转换成数字信号，在接收端又将数字信号恢复成模拟信号，一般把这样正反两个变换过程统称为模拟信号的数字化。本章通过介绍两种模拟信号数字化的基本方法——脉冲编码调制（PCM）和增量调制（ΔM），阐述了模拟信号数字化的原理。模拟信号时间离散化的重要理论依据是抽样定理；幅度离散化的目标是在给定量化级数目的条件下，寻找量化方式使信号量化信噪比达到最大。通过对 PCM 和 ΔM 比较分析可知，PCM 方式可获得好的量化信噪比，在电话系统中得到广泛应用。但信号带宽较宽、对数字通信系统的误码性能要求高、实现设备相对复杂。而 ΔM 方式实现设备简单、数据速率比较低（即占用信道带宽窄）、对数字通信系统的误码性能不敏感，适合应用在通信容量小和质量要求不十分高的场合以及军事通信和一些特殊通信中。

本章介绍了 Δ-ΣM、AΔM、DPCM 和 ADPCM 等数字化原理，其实均属于 PCM 一个总体系。但它们又以不同的方式对 PCM 扩展了技术思路，并且 DPCM 和 ADPCM 既是 PCM 的派生物，又是其另一别开生面的 A/D 技术。

思　考　题

1. 试画出 PCM 通信系统的原理方框图,并简述 PCM 通信系统的基本过程。

2. 在 A/D 中,为什么要进行抽样和量化?

3. 什么是低通抽样定理和带通抽样定理,简述它们是在什么前提下提出的?

4. 对载波基群信号(频谱为 60~108 kHz),其抽样频率应选择在什么范围内? 抽样频率等于多少?

5. 简述抽样信号的频谱混叠一般是什么原因造成的。

6. 简述 PCM 和 PAM 的主要区别。PCM 信号和 PAM 信号属于什么类型的信号?

7. 什么叫量化、量化噪声? 量化噪声的大小与哪些因素有关?

8. 什么叫均匀量化? 均匀量化的主要优缺点是什么?

9. 如何实现非均匀量化? 它能克服均匀量化的什么缺点?

10. 对话音信号进行非均匀量化时,一般是通过什么方法来实现的?

11. 我国对话音信号进行非均匀量化时,采用什么特性来进行?

12. 在 A 律 13 折线压扩特性中,一般取 A 为多少? 输入信号的范围有多大? 是如何进行分段的?

13. 对模拟信号按一定规律进行量化编码时,量化级数、量化级差、编码位数、传输速率、占用频带宽度之间的相互关系是怎样的?

14. A 律 13 折线压扩特性一般确定的编码位数是几位? 是怎样分配用途的? 采用什么码型?

15. 按 A 律 13 折线压扩特性原理编 8 位 PCM 码时,共需多少种基本权值电平?

16. 线性编码和非线性编码有什么区别? 7/11 变换原则是什么?

17. 设话音信号的频率范围在 300~3 400 Hz 之间,在满足抽样定理的前提下,原 CCITT 建议的对话音信号的抽样频率是多少? 为什么取这个抽样频率?

18. 试画出 A 律 13 折线($A=87.6$)压缩特性曲线,并列表写出各量化段的斜率 $\dfrac{\mathrm{d}y}{\mathrm{d}x}$ 及信噪比的改善量各为多少?

19. 在 A 律 13 折线中 8 个段落的量化级之间存在什么关系? 最大量化级是最小量化级的多少倍?

20. 已知取样脉冲的幅度为 $+137\Delta$,试利用逐次反馈型编码器将其进行 13 折线 A 律压扩 PCM 编码,并计算收端的量化误差。

21. 采用 A 律 13 折线编码,设最小的量化级为一个单位,已知抽样值为 $+635\Delta$。

(1) 试求编码器输出的 8 位码组,并计算量化误差。

(2) 将非线性 7 位幅度码转换成线性 11 位码。

22. 采用 13 折线 A 律编译码电路,设接收端收到的码为 01010011。

(1) 求译码器输出为多少单位电平。(设最小量化级为 Δ)

(2) 完成幅度码(不包括极性码)的 7/11 变换。

（3）若在传输过程中有一个码位发生误码，第几位码误码产生的误差最大？

23. 简述 PCM 和 ΔM 的主要区别。

24. ΔM 的一般量化噪声和过载量化噪声是怎样产生的？如何防止过载噪声的出现？

25. 线性 PCM 的量化信噪比与哪些因素有关？简单增量调制量化信噪比与哪些因素有关？

26. 为什么简单增量调制的抗误码性能优于 PCM 的抗误码性能？

27. DPCM 是为解决什么问题而产生的？它与 PCM 的区别是什么？它与 ΔM 的区别和联系是什么？

28. ADPCM 的基本原理是什么？

数字信号的基带传输系统

第4章

在自然界存在大量的原本是数字形式的数据信息,如计算机数据代码,各业务领域涉及的测试、检测开关量数据,有限取值的离散量等。这些信号的频谱通常是从直流和低频开始的,带宽是有限的,所以称其为数字基带信号。如果将数字基带信号直接送入信道中传输,则称之为数字信号的基带传输。

如图4-1所示是一个典型的数字基带信号传输系统的原理方框图。

图 4-1 数字基带信号传输系统的原理框图

本章介绍的主要内容有:数字基带传输中常用的线路传输码型,以及怎样解决传输中的误码问题等,同时介绍接收端为补偿信道失真而进行的信道均衡。

4.1 数字基带信号的特点

数字基带信号是用数字信息的电脉冲表示的,通常把数字信息的电脉冲的表示形式称为码型。不同形式的码型信号具有不同的频谱结构,合理地设计选择数字基带信号码型,使数字信息变换为适合于给定信道传输特性的频谱结构,才能方便数字信号在信道内的传输。适用于在有线信道中传输的基带信号码型又称为线路传输码型。

4.1.1 码型选择

1. 原始脉冲编码不适用于信道传输

一般 PCM 波形编码因存在以下可能的缺点,不宜直接用于传输:

(1) 含有丰富的直流分量或低频分量,信道难以满足传输要求;

(2) 接收时不便于提取同步信号;

(3) 由于限带和定时抖动,易产生码间干扰;

(4) 信号码型选择与波形形状直接影响传输的可靠性与信道带宽利用率。

2. 线路码及码型设计的原则

(1) 对直流或低频受限信道,线路编码应不含直流;

(2) 码型变换保证透明传输,唯一可译,可使两端用户方便发送并正确接收原编码序列,而无觉察中间环节的形式转换,即码型选择仅是传输的中间过程;

(3) 便于从接收码流中提取定时信号;

（4）所选码型及形成波形，应有较大能量，以提高自身抗噪声及干扰的能力；

（5）码型具有一定的检错能力；

（6）能减少误码扩散；

（7）频谱收敛——功率谱主瓣窄，且滚降衰减速度快，以节省传输带宽，减少码间干扰；

（8）编解码简单，降低通信延时与成本。

4.1.2　常用码型

1. 单极性不归零码

平常所说的单极性码就是指单极性不归零码，如图 4-2(a)所示，它用高电平表示二进制符号的"1"，用 0 电平表示"0"，在一个码元时隙内电平维持不变。

单极性码的缺点：

- 有直流成分，因此不适用于有线信道；
- 判决电平取接收到的高电平的一半，所以不容易稳定在最佳值；
- 不能直接提取同步信号；
- 传输时要求信道的一端接地。

2. 单极性归零码

单极性归零码如图 4-2(b)所示，代表二进制符号"1"的高电平在整个码元时隙持续一段时间后要回到 0 电平，如果高电平持续时间 τ 为码元时隙 T 的一半，则称之为 50％占空比的单极性码。

单极性归零码中含有位同步信息，其他特性同单极性不归零码。

3. 双极性不归零码

双极性不归零码（双极性码）如图 4-2(c)所示，它用正电平代表二进制符号的"1"，负电平代表"0"，在整个码元时隙内电平维持不变。

双极性码的优点：

- 当二进制符号序列中的"1"和"0"等概率出现时，序列中无直流分量；
- 判决电平为 0，容易设置且稳定，抗噪声性能好，无接地问题。

双极性不归零码缺点是序列中不含位同步信息。

4. 双极性归零码

双极性归零码如图 4-2(d)所示，代表二进制符号"1"和"0"的正、负电平在整个码元时隙持续一段时间之后都要回到 0 电平，同单极性归零码一样，也可用占空比来表示。

它的优缺点与双极性不归零码相近，但应用时只要在接收端加一级整流电路就可将序列变换为单极性归零码，相当于包含了位同步信息。

5. 差分码

在差分码中，二进制符号的"1"和"0"分别对应着相邻码元电平符号的"变"与"不变"，如图 4-2(e)所示。

差分码码型其高、低电平不再与二进制符号的"1"、"0"直接对应，所以即使当接收端收到的码元极性与发送端完全相反时也能正确判决，应用很广。在数字调制中被用来解决移相键控中"1"、"0"极性倒 π 问题。

差分码可以由一个模 2 加电路及一级移位寄存器来实现，其逻辑关系为 $b_i = a_i \oplus b_{i-1}$，a_i 为绝对码。

6. 数字双相码

数字双相码又称分相码或曼彻斯特码,如图 4-2(f)所示。它属于 1B2B 码,即在原二进制一个码元时隙内有两种电平。如"1"码可以用"＋－"脉冲、"0"码用"－＋"脉冲表示。

数字双相码的优点:在每个码元时隙的中心都有电平跳变,因而频谱中有定时分量,并且由于在一个码元时隙内的两种电平各占一半,所以不含直流成分。

数字双相码缺点是传输速率增加了一倍,频带也展宽了一倍。

数字双相码可以用单极性码和定时脉冲模 2 运算获得。

7. CMI 码

CMI 码是传号反转码的简称,也可归类于 1B2B 码,CMI 码将信息码流中的"1"码用交替出现的"＋＋"、"－－"表示;"0"码统统用"－＋"脉冲表示,参看图 4-2(g)。

CMI 码的优点除了与数字双相码一样外,还具有在线错误检测功能。如果传输正确,则接收码流中出现的最大脉冲宽度是一个半码元时隙。因此 CMI 码以其优良性能被原 CCITT(现为 ITU-T)建议作为 PCM 四次群的接口码型,它还是光纤通信中常用的线路传输码型。

8. 密勒码

密勒(Miller)码也称延迟调制码。它的"1"码要求码元起点电平取其前面相邻码元的末相,并且在码元时隙的中点有极性跳变(由前面相邻码元的末相决定是选用"＋－"还是"－＋"脉冲);对于单个"0"码,其电平与前面相邻码元的末相一致,并且在整个码元时隙中维持此电平不变;遇到连"0"情况,两个相邻的"0"码之间在边界处要有极性跳变,如图 4-2(h)所示。

密勒码也可以进行误码检测,因为在它的输出码流中最大脉冲宽度是两个码元时隙,最小宽度是一个码元时隙。

用数字双相码再加一级触发电路就可得到密勒码,故密勒码是数字双相码的差分形式。它能克服数字双相码中存在的相位不确定问题,而频带宽度仅是数字双相码的一半,常用于低速率的数传机中。

9. AMI 码

AMI 码是传号交替反转码,编码时将原二进制信息码流中的"1"用交替出现的正、负电平(＋B 码、－B 码)表示,"0"用 0 电平表示。所以在 AMI 码的输出码流中总共有 3 种电平出现,但并不代表三进制,所以它又可归类为伪三元码,如图 4-2(i)所示。

AMI 码的优点:功率谱中无直流分量,低频分量较小;解码容易;利用传号时是否符合极性交替原则,可以检测误码。

AMI 码的缺点:当信息流中出现长连 0 码时,AMI 码中无电平跳变,会丢失定时信息(通常 PCM 传输线中连 0 码不允许超过 15 个)。

10. HDB$_3$ 码

HDB$_3$ 码保持了 AMI 码的优点还增加了电平跳变,它的全称是 3 阶高密度双极性码,也是伪三元码。HDB$_3$ 码中"3 阶"的含义是:限制"连 0"个数不超过 3 位,如图 4-2(j)所示。如果原二进制信息码流中连"0"的数目小于 4,那么编制后的 HDB$_3$ 码与 AMI 码完全一样。当信息码流中连"0"数目等于或大于 4 时,将每 4 个连"0"编成一个组即取代节,编码规则如下。

(1) 序列中的"1"码编为 ±B 码,0000 用 000V 取代,V 是破坏脉冲(它破坏 B 码之间正负极性交替原则),V 码的极性应该与其前方最后一个 B 码的极性相同,而 V 码后面第一个出现的 B 码极性则与其相反。

（2）序列中各 V 码之间的极性正负交替。

（3）两个 V 码之间 B 脉冲的个数如果为偶数，则需要将取代节 000V 改成 $B'00V$，B' 与 B 码之间满足极性交替原则，即每个取代节中的 V 与 B' 同极性。

HDB_3 码的优点：无直流；低频成分少；频带较窄；可打破长连 0，提取同步方便。虽然 HDB_3 码有些复杂，但鉴于其明显优点，PCM 系统各次群常采用其做为接口码型。

例 4-1　HDB_3 码的形成。

设 PCM 编码序列为

$$\{a_k\} = (01000011000001010)$$

HDB_3 码型是当 PCM 码中有 4 个或 4 个以上连 0 时，前 4 个连 0 码要用一个 4 位"取代节"代替，具体做法如下。

（1）第 4 个 0 要变为"1"码，这个"1"称为"破坏点"脉冲，用 V 表示。该 PCM 序列的原有 1 码称为"信码"，用 B 表示，并采用 AMI 码形式。AMI 的正负极性码元分别用 B_+ 和 B_- 表示，即

步骤 1：原码 $\{a_k\}$　　0　1　0　0　0　0　1　1　0　0　0　0　0　1　0　1　0

步骤 2：AMI 码　　　　0　+1　0　0　0　0　−1　+1　0　0　0　0　0　−1　0　+1　0

步骤 3：用 B,V 表示　　0　B_+　0　0　0　V_+　B_-　B_+　0　0　0　V_-　0　B_-　0　B_+　0

（2）B、V 序列应满足：

① 各 V 码应与 AMI 一样，必须始终保持极性交替，以确保多个 V 码加入后仍无直流分量；

② V 码必与其前 B 码极性相同，以便与正规 AMI 码相区别。否则，需在 4 个连 0 码的第 1 个 0 的位置由一个与其后 V 码同极性（正或负）码代替——称为"补信码"B'，于是 B 与 B' 结合可确保无直流。

（3）取代节规则

① 前一个破坏点 V 码极性	+	−	+	−
② 4 连 0 前的码（信码或补码）极性	+	−	−	+
③ 取代节的码组成	B'_-00V_-	B'_+00V_+	$000V_-$	$000V_+$

其中 B'_-00V_-、B'_+00V_+ 为 $B'00V$；$000V_-$、$000V_+$ 为 $000V$。

对于上面步骤 3 中的序列，按上述规则进行如下修正。设起始前的最后一个破坏点为 V_-，接续上列步骤：

步骤 4：B' 码加入　　0　B_+　0　0　0　V_+　B_-　B'_+　B'_-　0　0　V_-　0　B_+　0　B_-　0

步骤 5：HDB_3 结果　0　+1　0　0　0　+1　−1　+1　−1　0　0　−1　0　+1　0　−1　0

其中 +1 0 0 0 +1 为 $000V_+$；−1 0 0 −1 为 B'_-00V_-。

这样结果保证了只含至多"3"个 0（3 阶）、无直流，符合 HDB_3 码规则，然后进入基带信道传输。

（4）HDB_3 码在接收后，必须按照上述相反的步骤进行复原，然后才能解码。

① 先找出两个相邻同极性码，其中后一个为 V 码；

② 由该 V 码前数第三个码，如果它不为 0 码，则表明是"补偿码"B'，应改回为 0；

③ 将 V 与 B' 均去掉（改为 0 码后），得到 AMI 码，再进行全波整流，得单极性码，即 $\{a_k\}$ 原码序列。

图 4-2 中所画的常用码型都是用矩形脉冲表示的，实际上基带信号还可以是其他形状，

如升余弦等。

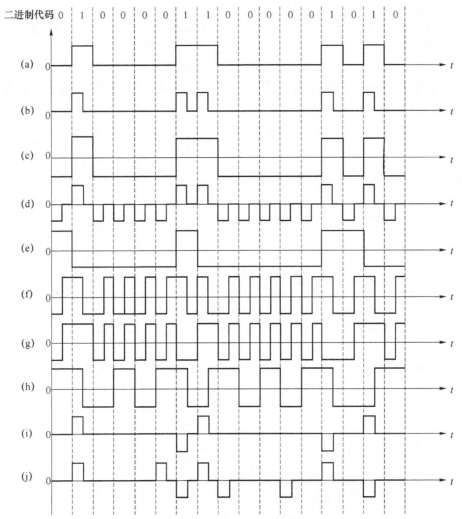

(a) 单极性不归零(NRZ)码 (b) 单极性归零(RZ)码 (c) 双极性不归零(NRZ)码 (d) 双极性归零(RZ)码
(e) 差分码 (f) 数字双相码 (g) CMI码 (h) 密勒码 (i) AMI码 (j) HDB$_3$码

图 4-2 几种常用二进制码型

11. 二元分组码(mBnB 码)

前面介绍了 1B2B 码,1B2B 码的缺点是它的传输速率和频带宽度都增大了一倍。近年来在高速光纤通信中常用做线路传输码型的是 5B6B 码,它属于 mBnB 码($m<n$)。编码时将输入信息序列每 m bit 分为一组,再编成 n bit 的码字输出。

以 5B6B 码为例,编码时信息序列每 5 bit 为一组,共有 32 种(2^5)组合,输出 6 bit,共有 64 种(2^6)组合。它在 2^6 种可能的组合中选择 2^5 种作输出(与输入序列一一对应)。此码的传输速率和频带宽度比原序列仅增加 20%,却换取了低频分量小、可实行在线误码检测、能迅速同步等优点。我国规定在 140 Mbit/s 系统中采用 5B6B 码。

编码时先设权重 d:"1"码权重为 1,"0"码权重为 -1,在这 64 个码字中,$d=0$("1"、"0"个数相等)的有 $C_6^3=20$ 个,$d=\pm 2$ (4 个"1"、2 个"0"或 4 个"0"、2 个"1")的各有 $C_6^2=C_6^4=$

15 个,二者之和已达到 50 个(多于 32),所以 $d=\pm4$ 和 $d=\pm6$ 的其余组合不用再考虑。

表 4-1 给出一种 5B6B 码的变换规则,有正、负两种变换模式。编码时如果前一码组的数字和 $d=0$,则保持原模式不变;遇到 $d=\pm2$ 时,为保持输出码流中的"1"、"0"码等概率出现,要正、负模式交替采用。按表 4-1 编制的 5B6B 码有如下特性:

(1)输出码流中最长的连"0"或连"1"数为 5;

(2)同步状态下每个码组结束时数字和的可能值为 0 或 ±2,利用每个输出码字结束时的累计数字和,可以建立正确的分组同步。

表 4-1 5B6B 码表

输入二元码组	输出二元码组(6B 码)			
(5B 码)	正模式	数字和	负模式	数字和
00000	110010	0	110010	0
00001	110011	+2	100001	−2
00010	110110	+2	100010	−2
00011	100011	0	100011	0
00100	110101	+2	100100	−2
00101	100101	0	100101	0
00110	100110	0	100110	0
00111	100111	+2	000111	0
01000	101011	+2	101000	−2
01001	101001	0	101001	0
01010	101010	0	101010	0
01011	001011	0	001011	0
01100	101100	0	101100	0
01101	101101	+2	000101	−2
01110	101110	+2	000110	−2
01111	001110	0	001110	0
10000	110001	0	110001	0
10001	111001	+2	010001	−2
10010	111010	+2	010010	−2
10011	010011	0	010011	0
10100	110100	0	110100	0
10101	010101	0	010101	0
10110	010110	0	010110	0
10111	010111	+2	010100	−2
11000	111000	0	011000	−2
11001	011001	0	011001	0
11010	011010	0	011010	0
11011	011011	+2	001010	−2
11100	011100	0	011100	0
11101	011101	+2	001001	−2
11110	011110	+2	001100	−2
11111	001101	0	001101	0

进行不中断通信业务的误码监测时码组是连起来的,运行数字和应在一定范围($-4\sim$ $+4$)内变化,若超出此范围,就意味着发生了误码。

与 mBnB 码类似的还有 PST 码、4B3T 码等,都有正、负两种变换模式。

PST 码的全称是成对选择三进制码,编码时先将输入的二进制码两两分组,然后采用 $+$、$-$、0 中的两个符号取代,即在 9 种状态(两位三进制数字 3^2)中为输入的 4 个状态找对应。表 4-2 中示出了 PST 编码较常用的一种格式,编码时当组内只有 1 个"1"码时,两种模式交替采用。

表 4-2　PST 码表

二进制代码	＋模式	－模式
00	$-+$	$-+$
01	$0+$	$0-$
10	$+0$	-0
11	$+-$	$+-$

4B3T 码则是把 4 个二进制码变换成 3 个三进制码,它是在 2^4 与 3^3 之中确定对应关系的一种编码方式。

码元速率一定时,为了提高传信率,还会用到多进制(M 进制)码,如四进制、八进制等,视需要决定。

4.2　数字基带信号的频谱分析

在通信系统中,选择传输码型时应该确知所选码型的带宽,还应确知所选码型中是否含有可供接收端提取的同步信息,这就需要了解数字基带信号的频谱特性。

数字通信系统中传送的随机脉冲序列,属于功率信号。求功率信号的频谱特性很麻烦,现在避开复杂的推导,直接给出结果。

为使结果简单起见,假设二进制随机脉冲序列是平稳、遍历的随机序列。设 $g_1(t)$ 和 $g_2(t)$ 分别表示二进制符号"1"和"0"码的基本波形函数,"1"码出现的概率为 P,"0"码出现的概率为 $1-P$,T_s 代表码元间隔,其倒数 $f_s=1/T_s$ 是离散谱中的基频,也是码元重复频率,在数值上等于每秒所传输的码元数。

二进制随机脉冲序列的单边功率谱密度的表示式为

$$S_x(f) = 2f_s P(1-P) \mid G_1(f) - G_2(f) \mid^2 + f_s^2 \mid PG_1(0) + (1-P)G_2(0) \mid^2 \delta(f) +$$

$$2f_s^2 \sum_{m=1}^{\infty} \mid PG_1(mf_s) + (1-P)G_2(mf_s) \mid^2 \delta(f - mf_s) \qquad f \geqslant 0 \qquad (4-1)$$

式中,$G_1(f)$ 和 $G_2(f)$ 分别是 $g_1(t)$ 和 $g_2(t)$ 的频谱函数,$G_1(mf_s)$ 和 $G_2(mf_s)$ 分别是 $f=mf_s$ 时 $g_1(t)$ 和 $g_2(t)$ 的频谱函数(m 为正整数),mf_s 是 f_s 的各次谐波。

第一项 $2f_s P(1-P)\mid G_1(f) - G_2(f) \mid^2$ 是连续谱,由连续谱可以知道信号的能量分布,确定信号带宽。由于信息码流中不可能出现全"0"全"1"的情况($P \neq 0$、$P \neq 1$),并且 $g_1(t) = g_2(t)$,$G_1(f) \neq G_2(f)$,所以连续谱永远存在。

第二项 $f_s^2 |PG_1(0)+(1-P)G_2(0)|^2 \delta(f)$，表示直流成分。对于双极性码 $g_1(t)=-g_2(t)$、$G_1(0)=-G_2(0)$，此时若"1"、"0"码等概率出现，则此项为零，说明等概率情况下的双极性码流中不含直流成分。

第三项 $2f_s^2 \sum\limits_{m=1}^{\infty} |[PG_1(mf_s)+(1-P)G_2(mf_s)]|^2 \delta(f-mf_s)$，$f \geqslant 0$，表示离散谱。分析这一项是为了确定序列中是否含有基波成分 f_s（位同步信号由基波提取）。

例 4-2　求如图 4-3(a)所示的单极性不归零二进制脉冲序列的功率谱密度（设"1"、"0"码等概率出现，码元宽度 $\tau=T_s$）。

解　不归零二进制脉冲序列中单个脉冲的时域表达式：

$$g_1(t)=\begin{cases} A & t \leqslant T_s \\ 0 & t > T_s \end{cases}$$

$$g_2(t)=0$$

功率谱密度：

$$G_1(f)=A\tau Sa\left(\frac{\omega\tau}{2}\right)=AT_s Sa(\pi f T_s)$$

$$G_2(f)=0$$

$G_1(f)$ 在 $f=0$ 处有最大值，$G_1(0)=AT_s$；抽样函数的 0 点位置分别在 $f=kf_s$ 处（k 为整数），如图 4-3(b)所示。

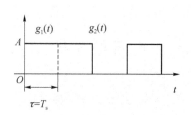
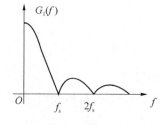

(a) 单极性不归零二进制序列　　　(b) $g_1(t)$ 的功率谱密度

图 4-3　单极性不归零二进制码序列及单个码元的功率谱密度

将 $P=\dfrac{1}{2}$，$G_1(f)$ 和 $G_1(0)$ 的值代入式(4-1)整理。连续谱部分为 $\dfrac{1}{2}A^2 T_s Sa^2(\pi f T_s)$，按第一个过零点计算带宽 $B=f_s$；直流成分为 $\dfrac{1}{4}A^2 \delta(f)$；由于过零点位置在 $f=kf_s$，抑制了离散频谱的出现（$m=k$），所以第三项不存在。

至此求出单极性不归零二进制序列（1、0 码等概率出现）的单边功率谱密度为

$$P_{s单}(f)=\frac{1}{2}A^2 T_s Sa^2(\pi f T_s)+\frac{1}{4}A^2 \delta(f)$$

式中无离散频谱，故没有基波，不能提取位同步信息。

例 4-3　求单极性归零二进制码序列的功率谱密度（设 $\tau=\dfrac{T_s}{2}$）。

解　50% 占空比的单极性二进制随机脉冲序列单个脉冲的时域表达式：

$$G_1(f)=A\tau Sa\left(\frac{\omega\tau}{2}\right)=\frac{AT_s}{2}Sa\left(\frac{\omega T_s}{4}\right)$$

$$G_2(f) = 0$$

$G_1(f)$ 的最大值 $G_1(0) = AT_s/2$，抽样函数的过零点位置由 $\omega T_s/4 = k\pi$ 解出，$f = 2kf_s$（k 为整数），如图 4-4 所示。

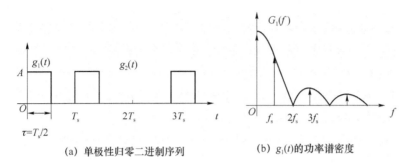

(a) 单极性归零二进制序列　　　　(b) $g_1(t)$ 的功率谱密度

图 4-4　单极性归零二进制码序列的功率谱密度

$P = \dfrac{1}{2}$ 时，其单边功率谱密度为

$$P_{s单}(f) = \frac{A^2 T_s}{8}\mathrm{Sa}^2\left(\frac{\omega T_s}{4}\right) + \frac{A^2}{16}\delta(f) + \frac{A^2}{8}\sum_{m=1}^{\infty}\mathrm{Sa}^2\left(\frac{m\pi}{2}\right)\delta(f - mf_s) \qquad f \geqslant 0$$

取第一个过零点为频带宽度，则 $B = 2f_s$，是不归零二进制序列的两倍，有直流分量，还有奇数倍于基波频率的谐波。离散频谱出现在 f_s 的奇数倍上，由于接收端的位同步信号从基波中提取，所以单极性归零码中有位同步信息。

例 4-4　求归零与不归零双极性码序列的功率谱密度（设 1、0 码等概率出现）。

解　将 $g_1(t) = -g_2(t)$、$G_1(f) = -G_2(f)$ 和 $P = \dfrac{1}{2}$ 代入式（4-1）整理，得

双极性不归零码：

$$P_{s单} = 2f_s\left|G_1(f)\right|^2 = 2A^2 T_s \mathrm{Sa}^2(\pi f T_s) \qquad f \geqslant 0$$

双极性归零码：

$$P_{s单} = 2f_s\left|G_1(f)\right|^2 = \frac{A^2 T_s}{2}\mathrm{Sa}^2\left(\frac{\pi f T_s}{2}\right) \qquad f \geqslant 0$$

可见双极性码在 1、0 码等概率出现时，不论归零与否，都没有直流成分和离散谱。虽然它们的功率谱密度表达式中都没有基频，不含位同步信息，但是对于双极性归零码，只要在接收端加一个全波整流电路，将接收到的序列变换为单极性归零码序列，就可以提取出位同步信息。另外，可以利用脉冲的前沿启动信号，后沿终止信号而无须另加位定时信号提取电路。

4.3　基带传输中的码间串扰与无码间串扰的基带传输

4.3.1　数字基带信号传输系统模型

前面介绍了数字基带信号的常用码型，这些码型的形状常常画成矩形，而矩形脉冲的频谱在整个频域是无穷延伸的。由于实际信道的频带是有限的而且有噪声，用矩形脉冲作传

输码型会使接收到的信号波形发生畸变,因此本节将寻找能使差错率最小的基带传输系统的传输特性。

图 4-5 示出了一个典型的数字基带信号传输系统模型。

基带码型编码电路的输出是携带着基带传输的典型码型信息的 δ 脉冲或窄脉冲序列 $\{a_n\}$,我们仅仅关注取值:0、1 或 ±1。

发送滤波器又称信道信号形成网络,它限制发送信号频带,同时将 $\{a_n\}$ 转换为适合信道传输的基带波形。

信道可以是电缆等狭义信道,也可以是带调制器的广义信道,信道中的窄带高斯噪声会给传输波形造成随机畸变。

接收滤波器的作用是滤除混在接收信号中的带外噪声和由信道引入的噪声,对失真波形进行尽可能的补偿(均衡)。

抽样判决器是一个识别电路,它把接收滤波器输出的信号波形 $y(t)$ 放大、限幅、整形后再加以识别,可进一步提高信噪比。

码型译码是将抽样判决器送出的信号还原成原始信码。

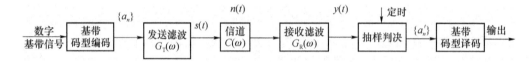

图 4-5 数字基带信号传输系统模型

4.3.2 基带传输中的码间串扰

数字通信的主要质量指标是传输速率和误码率,二者之间密切相关、互相影响。当信道一定时,传输速率越高,误码率越大。如果传输速率一定,那么误码率就成为数字信号传输中最主要的性能指标。从数字基带信号传输的物理过程看,误码是由接收机抽样判决器错误判决所致,而造成误判的主要原因是码间串扰和信道噪声。

顾名思义,码间串扰是传输过程中各码元间的相互干扰。由于系统的滤波作用或者信道不理想,当基带数字脉冲序列通过系统时,脉冲会被展宽,甚至重叠(串扰)到邻近时隙中去成为干扰,这样就产生了码间串扰。

图 4-6(a)示出了 $\{a_n\}$ 序列中的单个"1"码,经过发送滤波器后,变成正的升余弦波形,见图 4-6(b)。此波形经信道传输产生了延迟和失真,如图 4-6(c)所示。这个"1"码的拖尾延伸到了下一码元时隙内,并且抽样判决时刻也相应向后推移至波形出现最高峰处(设为 t_1)。

假如传输的一组码元是 1110,采用双极性码,经发送滤波器后变为升余弦波形,如图 4-7(a)所示。经过信道后产生码间串扰,前 3 个"1"码的拖尾相继侵入到第四个"0"码的时隙中,如图 4-7(b)所示。

图中 a_1、a_2、a_3 分别为第一、二、三个码元在 t_1+3T_s 时刻对第四个码元产生的码间串扰值, a_4 为第四个码元在抽样判决时刻的幅度值。当 $a_1+a_2+a_3<|a_4|$ 时,判决正确;当 $a_1+a_2+a_3>|a_4|$ 时,发生错判造成误码。

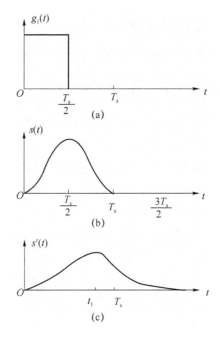

图 4-6　传输单个波形失真示意图

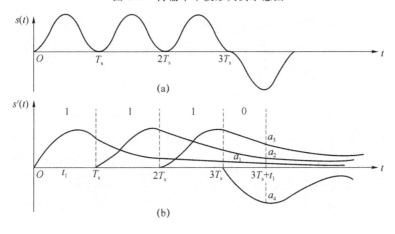

图 4-7　传输信息序列时波形失真示意图

4.3.3　无码间串扰的基带传输特性

研究基带脉冲传输的基本出发点,就是要使基带脉冲传输获得足够小的误码率,这就必须最大限度地减小码间串扰和随机噪声的影响。码间串扰的大小取决于 a_n 和系统输出波形 $y(t)$ 在抽样时刻上的取值。a_n 随机取值,而系统输出波形 $y(t)$ 却仅依赖于基带传输特性 $H(\omega)=G_T(\omega)C(\omega)G_R(\omega)$。由此可见,为了减小码间串扰,研究基带传输特性 $H(\omega)$ 对码间串扰的影响是十分有意义的。为此把图 4-5 的模型简化为图 4-8 的形式。

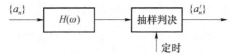

图 4-8　简化的基带传输系统模型图

如果无码间串扰,系统的冲激响应满足

$$h(kT_s) = \begin{cases} 1 & k=0 \\ 0 & k \text{ 为其他整数} \end{cases}$$

即抽样时刻($k=0$ 点)除当前码元有抽样值之外,其他各抽样点上的取值均应为 0。

根据频谱分析,可以写出

$$h(kT_s) = \frac{1}{2\pi}\int_{-\infty}^{\infty} H(\omega) e^{j\omega kT_s} d\omega$$

满足此式的 $H(\omega)$ 就是能实现无码间串扰的基带传输函数。

4.3.4 无码间串扰的理想低通滤波器

假定基带传输函数 $H(\omega)$ 是理想低通滤波器(LPF),则传输特性为

$$H(\omega) = \begin{cases} Ke^{-j\omega t_0} & |\omega| \leqslant \pi/T_s \\ 0 & |\omega| > \pi/T_s \end{cases}$$

式中 K 为常数,代表带内衰减。这里为推导方便设其为 1,其冲激响应

$$h(t) = \frac{1}{2\pi}\int_{-\infty}^{\infty} H(\omega) e^{j\omega t} d\omega = \frac{1}{2\pi}\int_{-\frac{\pi}{T_s}}^{\frac{\pi}{T_s}} e^{-j\omega t_0} e^{j\omega t} d\omega$$

$$= \frac{1}{2\pi}\int_{-\frac{\pi}{T_s}}^{\frac{\pi}{T_s}} e^{j\omega(t-t_0)} d\omega = \frac{1}{T_s}\text{Sa}[\pi(t-t_0)/T_s]$$

抽样函数的最大值出现在 $t=t_0$ 时刻(t_0 反映了理想低通滤波器对信号的时间延迟)。变换坐标系统,令 $t'=t-t_0$,则

$$h(t') = \frac{1}{T_s}\text{Sa}(\pi t'/T_s)$$

波形如图 4-9(a)所示。

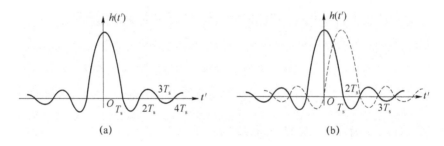

图 4-9 抽样函数示意图

可以看到在 t' 轴上,抽样函数出现最大值的时间仍在坐标原点。如果传输一个脉冲串,那么在 $t'=0$ 有最大抽样值的这个码元在其他码元抽样时刻 $kT_s(k=0,\pm1,\pm2,\cdots)$ 为 0,如图 4-9(b)所示,说明它对其相邻码元的抽样值无干扰。这就是说,对于带宽为

$$B_N = W/2\pi = \frac{\pi/T_s}{2\pi} = \frac{1}{2T_s} \quad \text{(Hz)}$$

的理想低通滤波器只要输入数据以 $R_B = \dfrac{1}{T_s} = 2B_N$ 波特的速率传输,那么接收信号在各抽样点上就无码间串扰。反之,数据若以高于 $2B_N$ 波特的速率传输,则码间串扰不可避免。这

是抽样值无失真条件,又称为奈奎斯特第一准则。

无码间串扰的理想低通系统其频带利用率

$$\eta = R_B / R_N = 2 \text{ Baud/Hz}$$

这是所有无码间串扰的基带传输系统的最高频带利用率。

归纳以上讨论,对于无码间串扰的理想低通滤波器,带宽 $B_N = \dfrac{1}{2T_s}$ 被称为奈奎斯特带宽,抽样间隔 T_s 为奈奎斯特间隔,而传输速率 $R_B = 2B_N$ 为奈奎斯特速率,这是能实现无码间串扰的基带传输系统的最高传输速率。

虽然理想低通滤波器特性能够达到基带传输系统的极限性能,但是这种特性是无法实现的。即便可以获得相当逼近的理想特性,但由于理想低通滤波器的冲激响应是抽样函数——衰减较慢、拖尾很长,因此要求抽样点定时系统必须精确同步,否则当信号速率、截止频率或抽样时刻稍有偏差仍然会产生码间串扰。因此,需要进一步研究对实际的基带传输系统应提出怎样的要求,才能使数字信号波形的拖尾收敛得比较快,而且相邻码元间保证没有码间串扰。

4.3.5　无码间串扰的滚降系统

1928 年奈奎斯特对这个问题进行了研究,并导出了无码间串扰的基带传输特性的等效式:

$$H_{eq}(\omega) = \begin{cases} \sum_{i=-\infty}^{\infty} H(\omega + 2i\pi/T_s) = T_s & |\omega| \leqslant \pi/T_s \\ 0 & |\omega| > \pi/T_s \end{cases} \quad (4\text{-}2)$$

从频域看,如果将该系统的传输特性 $H(\omega)$ 按 $2\pi/T_s$ 间隔分段,再搬回 $(-\pi/T_s, \pi/T_s)$ 区间叠加,若叠加后的幅度值为一常数,则此基带传输系统可实现无码间串扰。

例如图 4-10(a),这是一个具有升余弦滚降特性的低通滤波器,其传递函数

$$H(\omega) = \begin{cases} \dfrac{T_s}{2}\left(1 + \cos\dfrac{\omega T_s}{2}\right) & |\omega| \leqslant \dfrac{2\pi}{T_s} \\ 0 & |\omega| > \dfrac{2\pi}{T_s} \end{cases}$$

若只取原点附近的 3 个时隙($i = -1、0、1$)代入式(4-2),则

$$H_{eq}(\omega) = H(\omega - 2\pi/T_s) + H(\omega) + H(\omega + 2\pi/T_s) = \begin{cases} T_s & |\omega| \leqslant \pi/T_s \\ 0 & |\omega| > \pi/T_s \end{cases}$$

从图形上看是 3 个相邻段 $H(\omega - 2\pi/T_s)$、$H(\omega)$、$H(\omega + 2\pi/T_s)$ 分别被移到 $(-\pi/T_s$、$\pi/T_s)$ 区间(即把图 4-10(c)、(d)移至图 4-10(b)中)叠加,得到的 $H_{eq}(\omega)$ 为一矩形,如图 4-10(e)所示。此低通滤波器的带宽

$$B = W/2\pi = 1/T_s \quad (\text{Hz})$$

当传输速率 $R_B = 1/T_s$(Baud)时,此基带传输系统可以实现无码间串扰。

在实际中得到广泛应用的是一类在奈氏带宽截止频率两侧以 π/T_s 为中心,其频谱特性具有奇对称升余弦形状过渡带的传递函数:

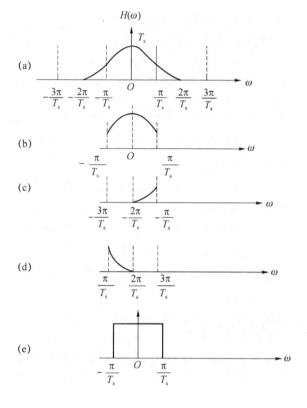

图 4-10 $H_{eq}(\omega)$ 特性的构成

$$H(\omega)=\begin{cases} T_s & 0\leqslant|\omega|\leqslant\dfrac{(1-\alpha)\pi}{T_s} \\[2mm] \dfrac{T_s}{2}\left[1+\sin\dfrac{T_s}{2\alpha}\left(\dfrac{\pi}{T_s}-\omega\right)\right] & \dfrac{(1-\alpha)\pi}{T_s}\leqslant|\omega|\leqslant\dfrac{(1+\alpha)\pi}{T_s} \\[2mm] 0 & |\omega|\geqslant\dfrac{(1+\alpha)\pi}{T_s} \end{cases} \qquad (4\text{-}3)$$

式中 α 为滚降系数 $(0\leqslant\alpha\leqslant 1)$,用以描述滚降程度:

$$\alpha=扩展量/奈氏带宽$$

奈氏带宽 W_N 取奇对称点的值 π/T_s,扩展量为超出奈氏带宽部分,设为 W_1。那么

$$\alpha=\frac{W_1}{W_N}$$

若在频率域定义,则上式的分子、分母需同时除以 2π,

$$\alpha=\frac{B_1}{B_N}$$

式中 B_1 和 B_N 的单位是 Hz。

α 取不同值时的传递函数图形示于图 4-11(a)中,其冲激响应

$$h(t)=\frac{\sin\pi t/T_s}{\pi t/T_s}\cdot\frac{\cos\alpha\pi t/T_s}{1-4\alpha^2 t^2/T_s^2}$$

相应的波形如图 4-11(b)所示。

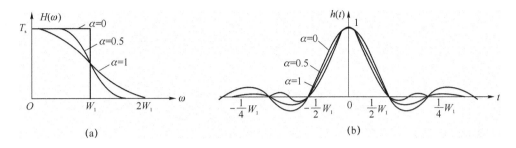

图 4-11 滚降特性的构成及示意图(仅画正频率部分)

图中 $\alpha=0$ 对应的是理想低通滤波器的曲线,α 越大抽样函数的拖尾振荡起伏越小、衰减越快。$\alpha=1$ 时波形的拖尾按 t^{-3} 速率衰减,在第一个旁瓣中多了一个过零点,抑制码间串扰的效果最好。与理想低通相比,它付出的代价是带宽增加了一倍。此时系统的最高传码率虽然没变,但频带宽度已被扩展 $B=(1+\alpha)B_N$,所以系统的频带利用率也要调整

$$\eta=2/(1+\alpha) \quad (\text{Baud/Hz})$$

把 $\alpha=1$ 代入式(4-3)中整理得到一个具有升余弦滚降特性传递函数的低通滤波器,如图 4-10 所示。其中 3 个相邻段 $H(\omega-2\pi/T_s)$、$H(\omega)$、$H(\omega+2\pi/T_s)$ 在 $(-\pi/T_s、\pi/T_s)$ 区间叠加成的 $H_{eq}(\omega)$ 恰为矩形,如图 4-10(e)所示。可见,图示具有升余弦滚降传输特性的滤波器满足奈氏第一准则,其带宽为

$$B=(1+\alpha)B_N=2B_N=1/T_s \quad (\text{Hz})$$

传输速率为

$$R_B=1/T_s \quad (\text{Baud})$$

频带利用率为

$$\eta=\frac{2}{1+\alpha}=1 \text{ Baud/Hz}$$

比理想低通滤波器的频带利用率低了一半。

4.4 部分响应系统

$\alpha=1$ 的升余弦滚降系统,虽然在物理上是能够实现的系统,其时域波形按 t^{-3} 速率衰减、拖尾起伏小、抑制码间串扰的效果也好,但它牺牲了系统的频带利用率。本节介绍部分响应系统,它不但能较好地抑制码间串扰、易于实现,而且频带利用率可以达到 $\eta=2 \text{ Baud/Hz}$ 的极限数值,所以在高速、大容量的传输系统中得到了推广与应用。具体地说,部分响应技术是一种利用人为引入的码间串扰来改变传输序列频谱分布、压缩传输频带的技术。

4.4.1 第Ⅰ类部分响应

对于抽样函数,如果只是把时间上相邻 1 个码元间隔的两个 $Sa(t)$ 波形相加,合成的波形 $g(t)$ 就称为第Ⅰ类部分响应波形,如图 4-12(a)所示。由于前后两个码元的拖尾被相互抵消,合成波 $g(t)$ 的振荡衰减加快了,其时域表达式

$$g(t)=\mathrm{Sa}\left[\frac{\pi\left(t+\dfrac{T_s}{2}\right)}{T_s}\right]+\mathrm{Sa}\left[\frac{\pi\left(t-\dfrac{T_s}{2}\right)}{T_s}\right]=\frac{4}{\pi}\cos\left(\frac{\dfrac{\pi t}{T_s}}{1-4t^2/T_s^2}\right)$$

频谱函数

$$G(\omega)=\begin{cases}2T_s\cos(\omega T_s/2) & |\omega|\leqslant\pi/T_s \\ 0 & |\omega|>\pi/T_s\end{cases}$$

是余弦型,具有缓变的滚降过渡特性,如图 4-12(b)所示。

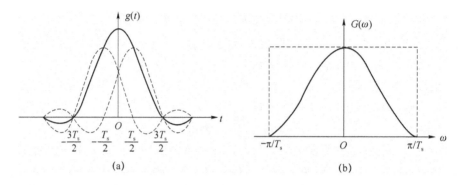

图 4-12　第Ⅰ类部分响应信号

第Ⅰ类部分响应的传输波形是 $g(t)$,但整个信息序列的码元间隔仍为 T_s。因此传输速率不变$\left(R_B=\dfrac{1}{T_s}\ (\mathrm{Baud})\right)$,余弦型谱的带宽 $B=\dfrac{1}{2T_s}\ (\mathrm{Hz})$,故频带利用率达到极限数值($\eta=2$)。另外,$g(t)$波形的拖尾按 t^{-2} 速率衰减,比 $\mathrm{Sa}(t)$ 波形的衰减快 1 个数量级。

接收端抽样判决的定时间隔仍取 T_s,因而所得样值中含有前一码元对本码元抽样值的干扰。由于前一码元的符号是已知的,减去它就相当于消除了人为引入的码间串扰。

4.4.2　差错传播和预编码

应用第Ⅰ类部分响应技术,对信息序列的相邻码元进行相关编码,合成波:

$$c_k=a_{k-1}+a_k \tag{4-4}$$

$\{a_k\}$为双极性二元码,合成波序列$\{c_k\}$共有 3 种电平(0 和 ±2)。接收端作减法:

$$\hat{a}_k=\hat{c}_k-\hat{a}_{k-1} \tag{4-5}$$

设信息序列$\{a_k\}=1011010011000011100$,按式(4-4)、式(4-5)计算填入下表:

发	a_k	1	-1	1	1	-1	1	-1	-1	1	1	-1	-1	-1	1	1	-1	-1
	c_k		0	0	2	0	0	0	-2	0	2	0	-2	-2	0	2	2	0	-2
收	$\hat{c}_k$		0	0	2	0	0	0	-2	0	2	0	-2	-2	0	2	2	0	-2
	$\hat{a}_k$	1*	-1	1	1	-1	1	-1	-1	1	1	-1	-1	-1	1	1	-1	-1

注:表中的"1"由接收端判决器预置。

由于接收序列 $\hat{c}_k$ 中未产生误码,所以恢复出的信息序列$\{\hat{a}_k\}$是正确的。但是如果某码元 $\hat{a}_{k-1}$ 发生误判,就会影响下一个码元 $\hat{a}_k$ 的正确判决,导致一连串错误,这称为误码增值,也称差错传播,这是由输入端相关编码造成的。

设 $\{\hat{c}_k\}$ 中第 9 位(带 _ 的码元)出错,2 错成 0:

$$\hat{c}_k \quad\ 0\ \ 0\ \ 2\ \ 0\ \ 0\ \ 0\ \ -2\ \ 0\ \ \underline{0}\ \ 0\ \ -2\ -2\ \ 0\ \ 2\ \ 2\ \ 0\ -2$$

$$\hat{a}_k \quad 1^*\ \ -1\ \ 1\ \ 1\ \ 1\ \ -1\ \ 1\ \ -1\ \ -1\ \ 1\ \ \underline{-1}\ \ 1\ \ -3\ \ 1\ \ -1\ \ 3\ \ -1\ \ 1\ \ -3$$

$\{\hat{a}_k\}$ 序列从第 9 位错码开始出现了一连串错误。

为避免因相关编码引起的差错传播,通常在发送端给信息序列 $\{\hat{a}_k\}$ 加预编码。加了预编码的第 I 类部分响应编码系统原理框图如图 4-13 所示。图中预编码器是个模 2 加法器,预编码的输出:

$$b_k = a_k \oplus b_{k-1}$$

因为是模运算,所以式中的 a_k 为单极性码。

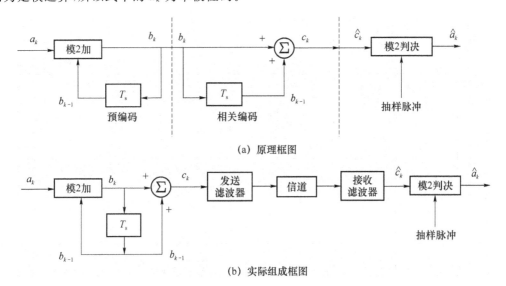

(a) 原理框图

(b) 实际组成框图

图 4-13　二进制第 I 类部分响应系统框图

送入发送滤波器的码元序列:

$$c_k = b_k + b_{k-1}$$

恢复信息序列时作模 2 判决:

$$\hat{a}_k = [\ \hat{c}_k\ ]_{\mathrm{mod}\,2}$$

由于模 2 判决的结果只由本码元决定,故在被恢复的 $\{\hat{a}_k\}$ 中不会出现差错传播现象。

4.4.3　第 IV 类部分响应波形

第 I 类部分响应信号的频谱是余弦形,频率越低功率谱能量越集中,适用于传输系统中信道频带高端受限的情况。如果遇到含变压器或耦合电容等低频特性不好的电路,则希望基带信号的低频分量越小越好。这时可以采用第 IV 类部分响应编码技术,它产生的频谱形状为正弦形,无直流分量且低频成分很小。

第 IV 类部分响应波形由时间上错开 $2T_s$ 的两个 $\mathrm{Sa}(t)$ 波形相减得到。时域波形及其功率谱形状可在表 4-3 中查得。第 IV 类部分响应波形的功率谱不论在高端还是在低端都呈缓慢变化的滚降特性,传输带宽 $B=\dfrac{1}{2T_s}$（Hz）,传输速率 $R_B=\dfrac{1}{T_s}$（Baud）,所以频带利用率达到 2 Baud/Hz 的极限数值。

第Ⅳ类部分响应编码系统也有差错传播问题,故也要采用预编码电路。

目前常用的部分响应波形有 5 类,应用最广的是第Ⅳ类。每类的相关编码规则、波形、频谱及二进制输入时 c_k 的抽样电平数,均示于表 4-3 中。为便于比较,将理想抽样函数 $Sa(t)$ 波形也列入表内,并称其为第 0 类。

抽样电平数第 0 类的是 2 个,第Ⅰ、Ⅳ类是 3 个,其余是 5 个,电平数目多会给判决门限的设置带来困难,影响系统的抗噪声性能。所以,部分响应系统的优点是以牺牲系统可靠性为代价换取的。

表 4-3　响应波形的波形、频谱及加权系数

类别	R_1	R_2	R_3	R_4	R_5	$R(t)$	$\lvert G(\omega)\rvert$　$\lvert\omega\rvert<\dfrac{\pi}{T}$	二进制输入时抽样值电平数
0	1							2
Ⅰ	1	1					$2T_s\cos\dfrac{\omega T_s}{2}$	3
Ⅱ	1	2	1				$4T_s\cos^2\dfrac{\omega T_s}{2}$	5
Ⅲ	2	1	−1				$2T_s\cos\dfrac{\omega T_s}{2}\sqrt{5-4\cos\omega T_s}$	5
Ⅳ	1	0	−1				$2T_s\sin\omega T_s$	3
Ⅴ	−1	0	2	0	−1		$4T_s\sin^2\omega T_s$	5

4.5　眼图与均衡

4.5.1　眼图

在实际系统中,完全消除码间串扰是十分困难的,而码间串扰对误码率的影响目前尚未从数字上找到便于处理的统计规律,还不能进行准确的计算。为了衡量基带传输系统性能的优劣,在实验室中,通常用示波器观察接收信号波形的方法来分析码间串扰和噪声对系统性能的影响,这就是眼图分析法。

具体做法是:把待测的基带信号加到示波器的垂直轴输入端,同时把位定时脉冲加到外同步输入端,使示波器水平扫描周期 T_s 严格与码元周期同步,这样在示波器屏幕上看到的图形就像“眼睛”一样,故称为“眼图”。二进制信号与眼图的关系如图 4-14 所示。眼图是由各段码元波形叠加而成的,眼图中央的垂直线表示最佳判决时刻,位于两峰值中间的水平线是判决门限电平。在无码间干扰和噪声的理想情况下,波形无失真,如图 4-14(a) 所示,“眼”开启最大,如图 4-14(c) 所示。当有码间串扰时,波形失真,如图 4-14(b) 所示,“眼”部分闭合,如图 4-14(d) 所示。若再加上噪声的影响,则使眼图的线条变得模糊,“眼”开启小了。因此,“眼”张开的大小表示了失真的程度。

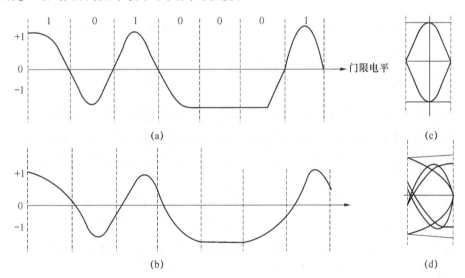

图 4-14　二进制信号与眼图的关系

由此可知,眼图能直观地表明码间串扰和噪声的影响,可评价一个基带传输系统性能的优劣。另外,也可用眼图对接收滤波器的特性加以调整,以减小码间串扰和改善系统的传输性能。因此,可将眼图理想化,理想化的眼图如图 4-15 所示。

由图 4-15 可以看出:

① 最佳取样时刻应选在眼图张开最大的时刻,此时 S/N 最大;

② 眼图斜边的斜率反映出系统位定时误差的灵敏度,斜边越陡,对定时误差越灵敏,对

定时稳准度要求越高;

③ 系统的噪声容限正比于眼图张开度,在取样时刻,若噪声瞬时值超过容限,就会使判决出错;

④ 眼图的中心横轴位置对应于最佳判决门电平;

⑤ 在取样时刻,上下两个阴影区的高度称为信号失真量,它是噪声和码间干扰两个因素叠加的结果;

⑥ 眼图的两个斜边与横轴交点称为过零点,过零点会聚不在一点而是一个区域时,称为过零点失真,它会引起系统位定时提取电路的输出定时脉冲有相位抖动。

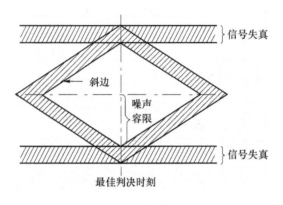

图 4-15　理想化的眼图

总之,掌握了眼图的各项指标后,在利用均衡器对接收信号进行均衡处理时,只需观察眼图就可以判断均衡效果,确定信号传输的基本质量。

4.5.2　均衡

如上所述,若信道特性 $H_{ch}(\omega)$ 为理想信道,或 $H_{ch}(\omega)$ 已知并且恒定,则通过精心设计的发送和接收滤波器,就可以达到消除码间串扰和使噪声影响为最小的目的。但是,实际信道特性既不可能完全知道,也不可能恒定不变,并且发送和接收滤波器也不可能完全实现理想化的最佳特性,因此实际系统码间干扰总是存在的。为了克服码间干扰,在接收端抽样判决之前附加一个可调滤波器,用以校正(或补偿)这些失真。对系统中线性失真进行校正的过程称为均衡,实现均衡的滤波器称为均衡滤波器。

均衡分为频域均衡和时域均衡。所谓频域均衡,就是使包括均衡器在内的整个系统的总传输函数满足无失真传输的条件;而时域均衡则是直接从时间响应考虑,使包括均衡器在内的整个系统的冲激响应满足无码间串扰的条件。

频域均衡比较直观且易于理解,因此本节只讨论在数字传输系统中常用的时域均衡原理。

时域均衡的基本思想可用图 4-16 的波形简单说明。它是利用波形补偿的方法将失真的波形直接加以校正,这可以利用观察波形的方法直接进行调节。时域均衡器又称横向滤波器,如图 4-17 所示。

设图 4-16(a)为一接收到的单个脉冲信号,由于信道特性不理想产生了失真,拖了"尾巴"。在 $t_{-N},\cdots,t_{-1},t_{+1},\cdots,t_{+N}$ 各抽样点上会对其他码元信号造成干扰。如果设法加上一个与拖尾波形大小相等、极性相反的补偿波形(如图 4-16(a)中虚线所示),那么这个波形恰好把原失真波形的"尾巴"抵消掉。校正后的波形不再拖"尾巴"了,如图 4-16(b)所示。因此消除了对其他码元信号的干扰,达到了均衡的目的。

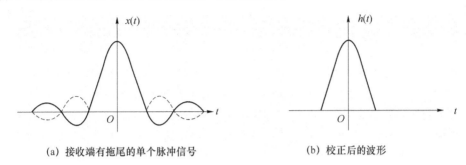

(a) 接收端有拖尾的单个脉冲信号　　　　　　(b) 校正后的波形

图 4-16　时域均衡的波形

　　时域均衡所需要的补偿波形可以由接收到的波形延迟加权得到,所以均衡滤波器实际上就是由一抽头延迟线加上一些可变增益放大器组成的,如图 4-17 所示。它共有 $2N$ 节延迟线,每节的延迟时间等于码元宽度 T_s,在各节延迟线之间引出抽头共 $2N+1$ 个。每个抽头的输出经可变增益(增益可正可负)放大器加权后相加输出。因此,当输入有失真波形 $x(t)$ 时,只要适当选择各个可变增益放大器的增益 $C_i(i=-N,-N+1,\cdots,0,\cdots,N)$,就可以使相加器输出的信号 $h(t)$ 对其他码元波形的串扰最小。

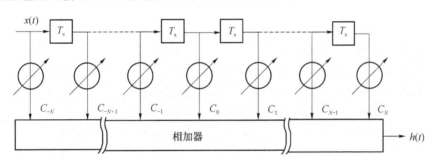

图 4-17　横向滤波器

　　理论上,应有无限长的均衡滤波器才能把失真波形完全校正。但因为实际信道仅有一个码元脉冲波形对邻近的少数几个码元产生串扰,故实际上只要有一二十个抽头的滤波器就可以了。抽头数太多会给制造和使用带来困难。

　　实际应用时,是用示波器观察均衡滤波器输出信号 $h(t)$ 的眼图。通过反复调整各个增益放大器的增益 C,使眼图的"眼"张开最大为止。

　　按调整方式,时域均衡可分为手动均衡和自动均衡。自动均衡又可分为预置式自动均衡和自适应式自动均衡。预置式均衡是在实际数传之前,先传输预先规定的测试脉冲(如重复频率很低的周期性单脉冲波形),然后用零调整自动(或手动)调整抽头增益;自适应式均衡是在数传过程中连续测出距离最佳调整值的误差,并据此去调整各抽头增益。自适应均衡能在信道特性随时变化的条件下获得最佳的均衡效果,因此很受重视。这种均衡器过去实现起来较复杂,但随着大规模、超大规模集成电路和微处理机的应用,发展十分迅速。

小 结

根据实际信号的频谱特性,常常把信号分为基带信号(信号频谱在零频率附近)和频带信号(信号频谱远离零频率)。如果在数字通信系统中信号的传递过程始终保持信号频谱在零频率附近,该通信系统常被称为数字信号的基带传输系统(或数字基带传输系统)。

常用数字基带信号码型有单、双极性不归零码,单、双极性归零码,AMI 码,HDB$_3$码,CMI 码等。通过对其功率谱的分析,可了解信号各频率分量的大小,以便选择适合于线路传输的序列波形,并对信道频率特性提出合理要求。

基带信号传输时,要考虑码元间的相互干扰,即码间串扰问题。奈奎斯特第一准则给出了抽样无失真条件,理想低通型 $H(\omega)$ 和升余弦 $H(\omega)$ 都能满足奈氏第一定理,理想低通的频带利用率为 2 Baud/Hz,但不实用;而升余弦的频带利用率虽低于极限利用率,但带宽却是理想低通的两倍。

由于实际信道特性很难预先知道,在实际中要做到信号传输完全无码间串扰是不可能的。为了实现最佳化传输的效果,常用眼图监测系统性能,并采用均衡技术和部分响应技术改善和减小码间串扰的影响,提高系统的可靠性。

思 考 题

1. 什么是基带信号? 基带信号有哪几种常用的形式?

2. 数字基带传输系统的基本结构如何?

3. 数字基带信号的功率谱有什么特点? 它的带宽主要取决于什么?

4. 举例说明几种在数字基带信号中常用的码型。

5. 设二进制代码为 11001000100。试以矩形脉冲为例,分别画出相应的单极性、双极性、单极性归零、双极性归零、差分和 AMI 码波形。

6. 传输码型 AMI、HDB$_3$ 码各有哪些主要特点?

7. 初始条件为:V—,奇数个传号。试将 NRZ 码 = 10010100000000011011000001 变换成 HDB$_3$ 码。

8. 什么是码间串扰? 它是如何产生的? 有什么影响? 应该怎样消除或减小?

9. 奈奎斯特第一准则的时域条件和频域条件是什么?

10. 为了消除码间干扰,基带传输系统的传输函数应满足什么条件?

11. 什么是部分响应波形? 什么是部分响应系统? 部分响应技术解决的问题是什么?

12. 什么是眼图? 它有什么用处? 简述眼图与一个基带传输系统性能的优劣之间的关系。

13. 均衡的作用是什么? 什么是时域均衡? 什么是频域均衡? 时域均衡怎样改善系统的码间串扰?

14. 什么是最佳判决门限电平?

第5章

数字信号的频带传输

在有些情况下（如无线信道），数字基带信号不能直接进行传输，需要借助连续波调制进行频谱搬移，将数字基带信号变换成适合信道传输的数字频带信号，然后再进行传输。和模拟调制一样，数字信号的载波调制也有 3 种方式：幅度调制，称为幅移键控，记为 ASK；频率调制，称为频移键控，记为 FSK；相位调制，称为相移键控，记为 PSK。

本章主要介绍常见的二进制及多进制数字调制方式的基本原理。为了适应通信领域的新发展，在 5.6 节中简要介绍各种调制的改进形式和新调制技术。

5.1　二进制数字调制原理

二进制数字调制包括二进制幅移键控（2ASK）、二进制频移键控（2FSK）和二进制相移键控（2PSK）。下面分别介绍它们的产生、解调及频谱。

5.1.1　二进制数字调制信号的产生

1. 二进制幅移键控 2ASK

2ASK 信号是利用二进制脉冲序列中的"1"或"0"码去控制载波输出的幅度（有或无）得到的。假定调制信号 $f(t)$ 是单极性非归零的二进制矩形脉冲序列，当 $f(t)=1$ 码时，输出载波 $A\cos\omega_0 t$；$f(t)=0$ 码时，输出载波幅度为 0。ASK 信号产生的数学模型及波形如图 5-1 所示。由此产生的 ASK 信号的表达式为

$$S_{2ASK}(t)=\begin{cases} A\cos\omega_0 t & \text{"1"} \\ 0 & \text{"0"} \end{cases} \qquad (5-1)$$

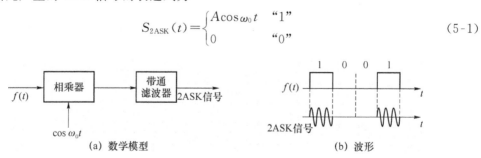

(a) 数学模型　　　　　　　　　　　　　(b) 波形

图 5-1　ASK 信号产生的数学模型及波形

2. 二进制频移键控 2FSK

2FSK 信号是利用二进制脉冲序列中的"1"或"0"去控制两个不同频率的载波信号得到的。例如，1 码用频率 f_1 来传输，0 码用频率 f_2 来传输。因此，2FSK 信号可看做是两

个交错的 ASK 信号之和,其中一个载频为 f_1,另一个载频为 f_2。产生 FSK 信号的一种方法是用数字信号去控制两个开关电路的通、断,使输出 f_1 和 f_2 振荡,FSK 信号产生的数学模型及波形如图 5-2 所示。假定输入 1 码时 S_1 闭合,S_2 打开,输出 f_1;输入 0 码时 S_2 闭合,S_1 打开,输出 f_2。这种方法产生的 FSK 信号一般相位不连续。该信号表达式为

$$S_{2\text{FSK}}(t)=\begin{cases} A\cos\omega_1 t & \text{“1”} \\ A\cos\omega_2 t & \text{“0”} \end{cases} \tag{5-2}$$

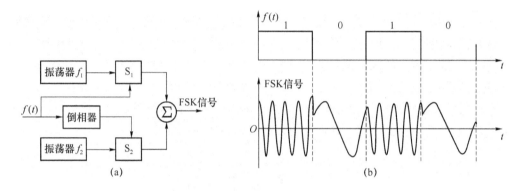

图 5-2 FSK 信号产生数学模型及波形

3. 二进制相移键控 2PSK 和 2DPSK

相移键控是利用载波的相位变化来传递信息,它分为两种工作方式:绝对相移键控(PSK)和相对相移键控(DPSK)。

(1) 二进制绝对相移键控(2PSK)

在 2PSK 中,以载波的固定相位为参考,通常用载波的 0 相位表示“1”码;π 相位表示“0”码。

图 5-3 示出了 2PSK 信号产生的数学模型及波形。

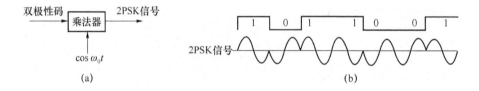

图 5-3 2PSK 信号产生数学模型及波形

图 5-3 产生的 2PSK 信号可表示为

$$S_{2\text{PSK}}(t)=\begin{cases} A\cos\omega_0 t & \text{“1”} \\ A\cos(\omega_0 t+\pi) & \text{“0”} \end{cases} \tag{5-3}$$

(2) 二进制相对相移键控(2DPSK)

2PSK 信号在接收端会产生倒 π 现象,这对于数据信号的传输是不允许的,所以有实用价值的是相对相移键控。2DPSK 信号能够克服相位倒置现象,实现起来也不困难,只

需在 PSK 调制器的输入端加一级差分编码电路,因此 DPSK 又可称为差分相移。

2DPSK 是利用相邻码元的载波相位的相对变化来表示数字信号。相对相位指本码元载波初相与前一码元载波终相的相位差。例如,序列中出现"1"码时,输出载波相位变化 π,即与前一码元载波终相相差 π;序列中出现"0"码时,输出载波相位不变化,即与前一码元载波终相相同。图 5-4 示出了 2DPSK 信号波形。

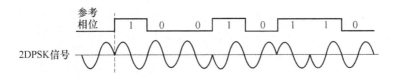

图 5-4　2DPSK 信号波形

调制电路模型及各点波形分别示于图 5-5 中,与按定义画出的调制波形(见图 5-4)完全相同。

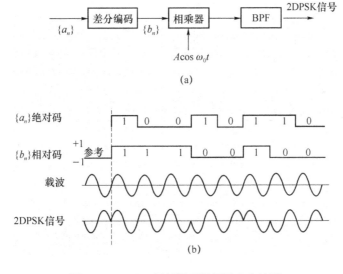

图 5-5　2DPSK 调制原理框图及各点波形

在图 5-5(b)中,2DPSK 波形所对应的序列是 $\{b_n\}$。$\{b_n\}$ 与 $\{a_n\}$ 之间的关系是 $b_n = a_n \oplus b_{n-1}$($\oplus$ 为模 2 加符号),$\{a_n\}$ 为绝对码,$\{b_n\}$ 为相对码,也称差分码。差分码是基带数字信号码元电平相对于前一码元电平有无变化来表示数字信息的。这里是"1"差分码,即相对于前一码元电平极性有变化表示为"1",无变化则表示为"0"。所以,将绝对码变换为相对码,再进行 PSK 调制,就可以得 DPSK 信号。图 5-5(a)就是按这种方法产生 DPSK 信号的数学模型。

5.1.2　二进制数字调制信号的解调

1. 二进制幅移键控 2ASK

和 AM 信号相同,2ASK 信号也有两种解调方式,即相干解调和非相干解调。与 AM 信号解调不同的是,需在 AM 信号解调器之后增加一抽样判决器,目的在于恢复原数字信号,提高接收机性能。图 5-6 示出了这两种解调方式的数学模型。

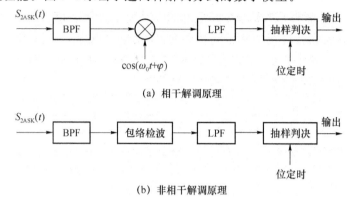

(a) 相干解调原理

(b) 非相干解调原理

图 5-6 2ASK 信号解调原理

2. 二进制频移键控 2FSK

2FSK 信号解调借用了 2ASK 信号的解调电路,所以也分为相干解调和非相干解调两种方式,如图 5-7(a)、(b)所示。

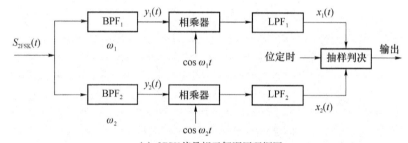

(a) 2FSK信号相干解调原理框图

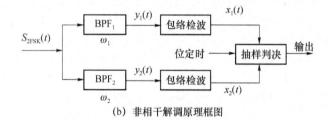

(b) 非相干解调原理框图

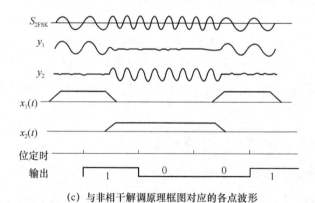

(c) 与非相干解调原理框图对应的各点波形

图 5-7 2FSK 系统解调原理框图及波形

（1）相干解调

2FSK 信号的相干解调原理可由图 5-7(a)说明。设频率 ω_1 代表"1"码,频率 ω_2 代表 "0"码。抽样判决准则为:$x_1 > x_2$,判为"1"码;$x_1 < x_2$,判为"0"码。x_1、x_2 为抽样时刻 LPF 的输出。前面已述,2FSK 信号相当于两个交错的 ASK 信号之和。为了将两者分开,图 5-7 (a)中采用了两个中心频率分别为 ω_1 和 ω_2 的带通滤波器 BPF_1 和 BPF_2。把代表"1"码的振荡信号 $y_1(t)$ 和代表"0"码的振荡信号 $y_2(t)$ 分成独立的两路,然后采用相干解调的方式分别进行解调。为了恢复原码序列,对两路低通滤波器的输出进行抽样判决。

（2）非相干解调

2FSK 信号的非相干解调过程可由图 5-7(b)所给出的原理框图来说明。与相干解调相同,将收到的 FSK 信号首先通过分路滤波器 BPF_1 和 BPF_2,将两个频率 ω_1 和 ω_2 分开,得到波形 $y_1(t)$ 和 $y_2(t)$。然后由包络检波器取出它们的包络 $x_1(t)$ 和 $x_2(t)$。在时钟的控制下,对两包络抽样并判决,即可恢复原数字序列。这里的判决准则仍是:$x_1 > x_2$,判为"1"码;$x_1 < x_2$,判为"0"码。x_1、x_2 为 $x_1(t)$ 和 $x_2(t)$ 判决时刻的抽样值。图 5-7(c)示出了非相干解调过程各个环节的信号波形。此外,还有其他非相干解调方法,如鉴频法、过零检测法等,不再一一介绍,读者可参考有关文献。

3. PSK 信号和 DPSK 信号

（1）二进制绝对相移键控(2PSK)

2PSK 信号具有恒定的包络,实际上相当于 DSB-SC 信号。因而不能采用包络解调器解调,应采用相干解调器解调。但必须在 DSB-SC 解调器之后加一抽样判决器,以便恢复原数字信号。PSK 信号相干解调的数学模型及波形如图 5-8 所示。这里的判决准则为:抽样值大于 0,判决为"1";抽样值小于 0,判决为"0"。

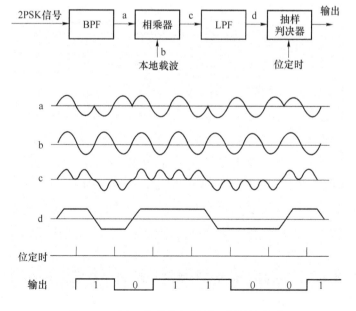

图 5-8　2PSK 信号的解调原理框图及波形

解调器中本地参考载波的相位必须和发端调制器的载波同频同相。若本地参考载波偏移 π 相位,则解调得到的数据极性完全相反,这就是倒 π 现象。然而,在实际通信中参考载波的基准相位很难固定,随时都会出现跳变且不易察觉,因此绝对相移键控很少采用。

(2) 二进制相对相移键控(2DPSK)

2DPSK 信号的解调有两种方案。第一种方案是在 PSK 相干解调电路抽样判决器的后面加差分译码(以抵消在调制器输入端差分编码的影响),解调电路及各点波形如图 5-9 所示。由图可见,经差分译码后恢复的原调制信号序列中不存在倒相问题。

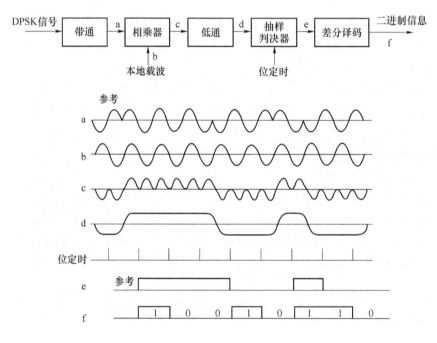

图 5-9 2DPSK 相干解调原理框图及波形

DPSK 信号解调的另一种方案是差分相干解调法,如图 5-10 所示,通过比较前后码元载波的初相位来完成解调。用前一码元的载波相位作为解调后一码元的参考相位,解调器的输出就是所需要的绝对码,无须再进行码变换。但是,它要求载波频率要为码元速率的整数倍。在图 5-10 中,带通滤波器取出 DPSK 信号,并限制 DPSK 信号频谱以外的噪声,然后分成两路。其中一路直接加到乘法器上,另一路延迟一个码元周期 T_s,作为解调后一码元的参考载波。调制码元序列为低通带限信号,可由低通滤波器取出,并将其与乘法器输出的高频分量分离。最后,在时钟的控制下,通过抽样判决,就可恢复原调制码元序列。

比较这两种解调方案,它们的解调波形虽然一致,都不存在相位倒置问题,但差分相干解调电路中不需本地参考载波和差分译码,是一种经济可靠的解调方案,得到了广泛的应用。需要注意的是,调制端的载波频率应设置成码元速率的整数倍。

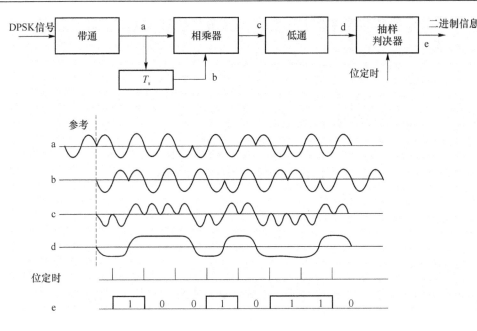

图 5-10　DPSK 差分相干解调原理框图及波形

5.2　二进制数字调制信号的频谱特性

5.2.1　ASK 信号的功率谱

2ASK 信号是幅度调制信号,其功率谱密度表达式为

$$P_{2\text{ASK}}(f) = \frac{1}{4}\left[P_s(f+f_0) + P_s(f-f_0)\right]$$

式中,$P_s(f)$ 为 $f(t)$ 的功率谱。当 $f(t)$ 为"1"和"0"等概率出现的单极性矩形随机脉冲序列(码元间隔为 T_s)时,

$$P_s(f) = \frac{T_s}{4}\text{Sa}^2(\pi T_s f) + \frac{1}{4}\delta(f)$$

于是

$$P_{2\text{ASK}}(f) = \frac{T_s}{16}\left\{\text{Sa}^2\left[\pi(f+f_0)T_s\right] + \text{Sa}^2\left[\pi(f-f_0)T_s\right]\right\} + \frac{1}{16}\left[\delta(f+f_0) + \delta(f-f_0)\right]$$

根据此式画出的功率谱如图 5-11 所示。

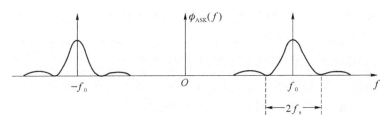

图 5-11　ASK 信号的功率谱

显然,二进制 ASK 信号的带宽是调制信号带宽的两倍。若只计基带脉冲波形频谱的主瓣,其带宽

$$B=2f_s=2/T_s$$

式中,$f_s=1/T_s$。

5.2.2 FSK 信号的功率谱

相位不连续的 2FSK 信号可看做两个 2ASK 信号的叠加,因此其功率谱是两个 2ASK 信号的功率谱之和。当基带信号不含直流时,2FSK 信号的功率谱

$$P_{2FSK}(f)=P_{2ASK}(f_1)+P_{2ASK}(f_2)$$

$$=\frac{T_s}{16}\{Sa^2[\pi(f-f_1)T_s]^2+Sa^2[\pi(f+f_1)T_s]^2+Sa^2[\pi(f-f_2)T_s]^2+Sa^2[\pi(f+f_2)T_s]^2\}+$$

$$\frac{1}{16}[\delta(f+f_1)+\delta(f-f_1)+\delta(f+f_2)+\delta(f-f_2)]$$

根据此式画出的功率谱如图 5-12 所示。由图可见,2FSK 信号的带宽近似为

$$B_{2FSK}=|f_2-f_1|+2f_s \quad (Hz)$$

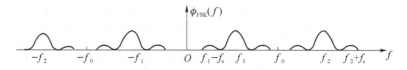

图 5-12　FSK 信号的功率谱

5.2.3 PSK 信号的功率谱

由式(5-3)可以看出,当调制信号为双极性 NRZ 数字序列时,2PSK 信号实际上是一种抑制载波双边带调幅 DSB 信号,故其功率谱

$$P_{2PSK}(f)=P_{2ASK}(f)=\frac{T_s}{4}\{Sa^2[\pi(f-f_0)T_s]+Sa^2[\pi(f+f_0)T_s]\} \quad (5-4)$$

因为 2PSK 信号可以看做是 DSB 信号,故其带宽与 2ASK 信号相同,即

$$B_{2PSK}=B_{2ASK}=2f_s=2R_B$$

5.3　二进制数字载波传输系统的抗噪声性能

数字信号载波传输系统的抗噪声性能是用误码率来衡量的。计算误码率要在忽略码间串扰的前提下,只考虑加性噪声对接收机造成的影响。这里所说的加性噪声主要是指信道噪声,也包括接收设备噪声折算到信道中的等效噪声。

鉴于计算误码率的复杂性,表 5-1 中直接给出了各系统的误码率与接收机输入信噪比 r 的关系式。为便于比较,在图 5-13 中又示出了误码率 P_e 与输入信噪比 r 的关系曲线。

表 5-1　二进制频带传输系统误码率公式表

调制方式	解调方式	误码率 P_e	近似 $P_e(r \geqslant 1)$
ASK	相干	$\frac{1}{2}\mathrm{erfc}\left(\frac{\sqrt{r}}{2}\right)$	$\frac{1}{\sqrt{\pi r}}e^{-r/4}$
	非相干		$\frac{1}{2}e^{-r/4}$
FSK	相干	$\frac{1}{2}\mathrm{erfc}\left(\frac{\sqrt{r}}{2}\right)$	$\frac{1}{\sqrt{2\pi r}}e^{-r/2}$
	非相干	$\frac{1}{2}e^{-r/2}$	
PSK	相干	$\frac{1}{2}\mathrm{erfc}\left(\frac{\sqrt{r}}{2}\right)$	
DPSK	差分相干	$\frac{1}{2}e^{-r}$	$\frac{1}{2\sqrt{\pi r}}e^{-r}$

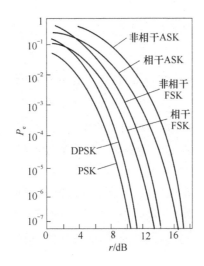

图 5-13　二进制频带传输系统 P_e-r 曲线

5.4　二进制数字调制系统的性能比较

通过前面的讨论,得出了各种二进制数字调制系统的频带宽度、调制解调方法以及与之对应的系统误码率,下面对不同二进制数字调制系统的基本性能作比较。

1. 误码率

观察图 5-13,由图可见,r 增大,P_e 下降。对于同一种调制方式,相干解调的误码率小于非相干解调系统,但随着 r 的增大,二者差别减小。

当解调方式相同调制方式不同时,在相同误码率条件下,相干 PSK 系统要求的信噪比 r 比 FSK 系统小 3 dB,FSK 系统比 ASK 系统要求的 r 也小 3 dB,并且 FSK、PSK、DPSK 的抗衰落性能均优于 ASK 系统。

2. 判决门限

在 2FSK 系统中,不需要人为设置判决门限,仅根据两路解调信号的大小作出判决;

2PSK 和 2DPSK 系统的最佳判决门限电平为 0,稳定性也好;ASK 系统的最佳门限电平与信号幅度有关,当信道特性发生变化时,最佳判决门限电平会相应地发生变化,不容易设置,还可能导致误码率增加。

3. 频带宽度

当传码率相同时,PSK、DPSK、ASK 系统具有相同的带宽,而 FSK 系统的频带利用率最低。

4. 设备复杂性

对于 3 种调制方式的发送设备,其复杂性相差不多。接收设备中采用相干解调的设备要比非相干解调时复杂,所以除在高质量传输系统中采用相干解调外,一般应尽量采用非相干解调方法。

综合以上讨论,在选择调制解调方式时,就系统的抗噪声性能而言,2PSK 系统最好,但会出现倒相问题,所以 2DPSK 系统更实用。如果对数据传输率要求不高(1 200 bit/s 或以下),特别是在衰落信道中传送数据,则 2FSK 系统又可作为首选。

5.5 多进制数字调制系统

二进制载波数字调制,其基带数字信号只有两种可能的状态 1、0 或 +1、-1。随着数据通信的发展,对频带利用率的要求不断提高,多进制数字调制系统获得了越来越广泛的应用。

多进制与二进制数字系统相比,优点主要有:一是传信率高,在多进制系统中,一位多进制符号将代表若干位二进制符号;二是减小了传输带宽,在相同的传信率条件下,多进制降低了码元速率,相当于节约了带宽。采用多进制的缺点是:设备复杂、判决电平增多、误码率高于二进制数字调制系统。

用 M 进制数字基带信号调制载波的幅度、频率和相位,可分别产生出多进制幅移键控MASK、多进制频移键控 MFSK 和多进制相移键控 MPSK 3 种多进制载波数字调制信号。下面简要介绍这 3 种多进制数字调制方式。

5.5.1 MASK 系统

多进制数字振幅调制又称为多电平调幅。它用具有多个电平的随机基带脉冲序列对载波进行振幅调制,已调波一般可表示为

$$S_{\text{MASK}}(t) = \Big[\sum_{n=-\infty}^{\infty} a_n g(t - nT_s) \Big] \cos \omega_0 t$$

式中

$$a_n = \begin{cases} 0 & \text{概率为 } P_0 \\ 1 & \text{概率为 } P_1 \\ \vdots & \quad \vdots \\ M-1 & \text{概率为 } P_{M-1} \end{cases}$$

$g(t)$ 是高度为 1、宽度为 T_s 的矩形脉冲，且有 $\sum_{i=0}^{M-1} P_i = 1$。为了易于理解，将 MASK 波形示于图 5-14 中。图 5-14(b)波形是由图 5-14(c)中诸波形的叠加构成的，即 MASK 信号是由 M 个不同振幅的 2ASK 信号叠加而成的。因此，MASK 信号的功率谱也是这 M 个 2ASK 信号功率谱之叠加。MASK 信号的功率谱结构虽然复杂，但所占带宽却与每一个 2ASK 信号相同。

$$B_{\text{MASK}} = 2f_s$$

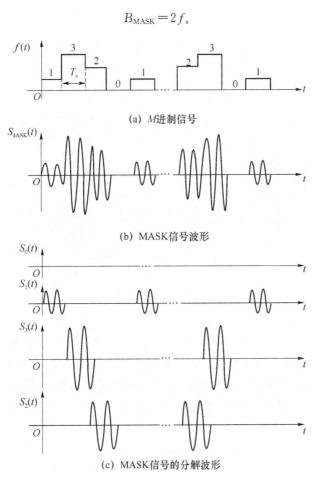

(a) M 进制信号

(b) MASK信号波形

(c) MASK信号的分解波形

图 5-14　MASK 系统波形

　　MASK 信号与 2ASK 信号产生的方法相同，可利用乘法器来实现，不过由发送端输入的 k 位二进制数字基带信号需要经过一个电平变换器，转换为 M 电平的基带脉冲再送入调制器。解调也与 2ASK 信号相同，可采用相干解调和非相干解调两种方式。

5.5.2　MFSK 系统

　　多进制频移键控简称多频制，是用多个频率不同的正弦波分别代表不同的数字信号，在某一码元时间内只发送其中一个频率。

　　一般的 MFSK 系统，可由图 5-15 所示模型表示。串/并变换电路将输入的二进制码每 k 位分为一组，然后由逻辑电路转换成具有多种状态的多进制码。当某组二进制码来到时，逻辑电路的输出一方面打开相应的门电路,使该门电路对应的载波发送出去,同时关闭其他门电路,不让其他的载波发送出去。因此,当一组组二进制码输入时,加法器的输出便是一个 MFSK 波形。

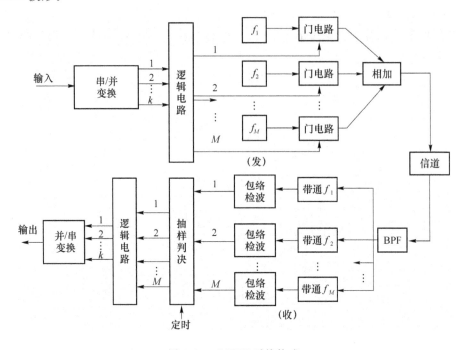

图 5-15　MFSK 系统构成

收端由多个中心频率为 $f_1, f_2, \cdots, f_M$ 的带通滤波器、包络检波器及一个抽样判决器、逻辑电路、并/串变换电路组成。当某一载频到来时,只有一个带通滤波器有信号和噪声通过。抽样判决器的任务就是在某一时刻比较所有包络检波器的输出电压,判断哪一路的输出最大,以达到判决频率的目的。将最大者输出,就得到一个多进制码元,经逻辑电路转换成 k 位二进制并行码,再经并/串变换电路转换成串行二进制码,从而完成解调任务。

MFSK 信号除了上述解调方法之外,还可采用分路滤波相干解调方式。此时,只须将图 5-15 中的包络检波器用乘法器和低通滤波器代替即可。但各路乘法器须分别送入不同频率的相干本地载波。

MFSK 系统占用较宽的频带,因而频带利用率低,多用于调制速率不高的传输系统中,以便频带不至于过宽。

这种方式产生的 MFSK 信号,其相位是不连续的,可看做是 M 个振幅相同、载波不同、时间上互不相容的 2ASK 信号的叠加。因此,其带宽为

$$B_{MFSK} = f_H - f_L + 2f_s$$

式中,f_H 为最高载频,f_L 为最低载频,f_s 为码元速率。

5.5.3　MPSK 系统

多进制相移键控简称多相制,是利用多个相位状态的正弦波来代表多组二进制信息码

元,即用载波的一个相位对应于一组二进制信息码元。如果载波有 2^k 个相位,它可以代表 k 位二进制码元的不同组合的码组。多进制相移键控也分为多进制绝对相移键控和多进制相对(差分)相移键控。

在 MPSK 信号中,载波相位可取 M 个可能值,$\theta_n = \dfrac{n2\pi}{M}$,$n = 0,1,\cdots,M-1$。因此,MPSK 信号可表示为

$$S_{MPSK}(t) = A\cos(\omega_0 t + \theta_n) = A\cos\left(\omega_0 t + \frac{n2\pi}{M}\right) \tag{5-5}$$

假定载波频率 ω_0 是基带信号速率 $\omega_s = 2\pi/T_s$ 的整数倍,则式(5-5)可改写为

$$S_{MPSK}(t) = A\sum_{n=-\infty}^{\infty} g(t-nT_s)\cos(\omega_0 t + \theta_n)$$

$$= A\cos\omega_0 t\sum_{n=-\infty}^{\infty}\cos\theta_n g(t-nT_s) - A\sin\omega_0 t\sum_{n=-\infty}^{\infty}\sin\theta_n g(t-nT_s)$$

上式表明,MPSK 信号可等效为两个正交载波进行多电平双边带调幅所得已调波之和。因此,其带宽与 MASK 信号带宽相同,即

$$B_{MPSK} = B_{MASK} = 2f_s$$

它的产生也可按类似于产生双边带正交调制信号的方式实现。

由于调相时并不改变载波的幅度,所以与 MASK 相比,MPSK 大大提高了信号的平均功率,是一种高效的调制方式。

下面以四相 PSK(4PSK,又称 QPSK)为例进行讨论。4PSK 信号的相位通常采用图 5-16所示的两种形式。图中虚线为参考(基准)相位,对绝对调相而言,为未调载波的初相;对相对调相而言,为前一码元载波的终相。各相位值都是对参考相位而言的,正为超前,负为落后。这两种形式的相位配制都采用等间隔的形式,对四相制来说,图 5-16(a)为 $\pi/2$ 相移系统,图 5-16(b)为 $\pi/4$ 相移系统。

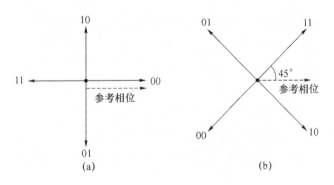

图 5-16　QPSK 信号的矢量图

四相调相信号是一种四状态符号,即符号有 00、01、10、11 共 4 种状态。所以,对于输入的二进制序列,首先必须分组,每两位码元一组。然后,根据其组合情况,用载波的 4 种相位表征它们。这种由两个码元构成一种状态的符号码元称为双比特码元,双比特码元与载波相位之间的关系如表 5-2 所示。

表 5-2　双比特码元与载波相位的关系

双比特码元		载波相位	
a	b	方式 A	方式 B
0	0	0	$-3\pi/4$
1	0	$\pi/2$	$-\pi/4$
1	1	π	$\pi/4$
0	1	$-\pi/2$	$3\pi/4$

四相调制和两相调制一样,也有四相绝对相移键控(4PSK)和四相相对(差分)相移键控(4DPSK)两种。按照表 5-2 首先将二进制信息序列分成双比特码组。设 a 为前一个信息比特,b 为后一个信息比特。若调制码元宽度仍为 T_s,载波周期取 T_0,且 $T_s = T_0$,那么两个相位系统、两种调制方式的已调波形如图 5-17 所示。

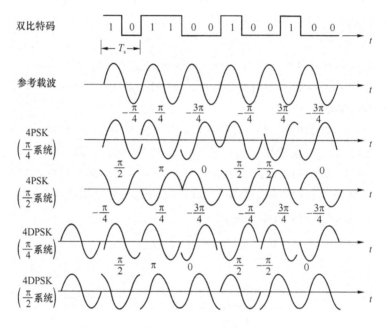

图 5-17　四相 PSK、DPSK 信号的调制波形

1. 四相绝对相移键控(QPSK 或 4PSK)信号的产生和解调

四相 PSK 调制波形可看做是两路正交双边带信号的合成,因此可由图 6-18 所示方法产生。首先,串/并变换器将二进制信息序列分成双比特码组(A 路、B 路),再由单/双极性变换器将 0、1 码转换为 ± 1 码送入调制器与载波相乘,形成正交的两路双边带信号,加法器完成信号合成。显然,按方框图所示产生的已调信号属于 $\pi/4$ 系统(如果需要产生 $\pi/2$ 系统的 PSK 信号,应将载波移相 $\pi/4$)。

对应上述 $\pi/4$ 系统的解调,可参照 2PSK 信号的解调方法,用两个正交的相干载波分别与 A、B 两路接收信号相乘,经低通滤波器滤除高次谐波、抽样判决之后,再由并/串变换器将两路信号恢复成串行的二进制信息序列。解调方案如图 5-19 所示,判决准则示于表5-3中。

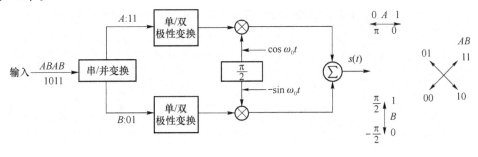

图 5-18　$\frac{\pi}{4}$ 系统 QPSK 信号产生原理框图

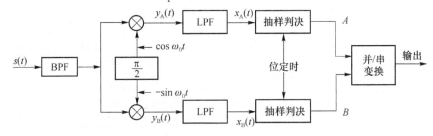

图 5-19　$\frac{\pi}{4}$ 系统 QPSK 信号解调原理框图

表 5-3　$\frac{\pi}{4}$ 系统的判决准则

符号相位 ϕ_n	$\cos\phi_n$ 的极性	$\sin\phi_n$ 的极性	判决器输出	
			A	B
$\pi/4$	＋	＋	1	1
$3\pi/4$	－	＋	0	1
$5\pi/4$	－	－	0	0
$7\pi/4$	＋	－	1	0

2. 四相相对相移键控（QDPSK 或 4DPSK）信号的产生和解调

与 2DPSK 相干解调一样,对 QPSK 信号相干解调也会出现相位模糊现象,所以更实用的相移键控方式应为 QDPSK。

能够产生 π/2 系统的 QDPSK 信号的原理框图如图 5-20 所示,图中在串/并变换器的后面增加了一个码变换器,它负责把绝对码变换为相对码（差分码）。

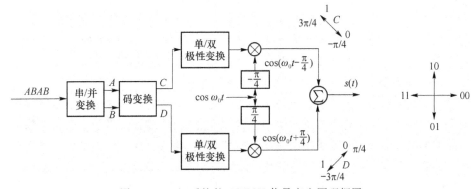

图 5-20　π/2 系统的 QDPSK 信号产生原理框图

QDPSK 信号的解调也有相干解调和差分相干解调两种方式。相干解调时要加码反变换器,如图 5-21 所示,差分相干解调方案如图 5-22 所示。

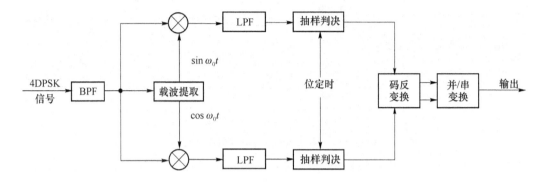

图 5-21　4DPSK 信号相干解调加码反变换器方式原理图

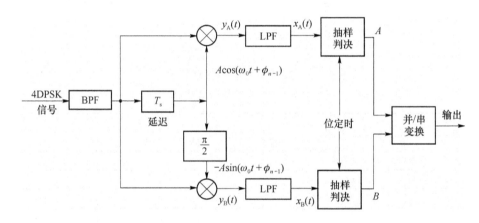

图 5-22　$\dfrac{\pi}{4}$ 系统 DPSK 信号差分相干解调原理框图

5.6　现代数字调制技术

在现代通信中,随着大容量和远距离数据通信技术的发展,出现了一些新问题,主要是信道的带限和非线性对传输信号的影响。在这种情况下,传统的数字调制方式受到了威胁,需要采用新的数字调制方式以减小信道对所传信号的影响。这些技术的研究,主要是围绕充分节省频谱和高效率地利用频带展开的。多进制调制是提高频谱利用率的有效方法,恒包络技术能适应信道的非线性,保持较小的频谱占用率。

所谓恒包络技术是指已调波的包络保持为恒定,它与多进制调制是从不同的两个角度来考虑调制技术的。恒包络技术所产生的已调波经过发送带限后,当通过非线性部件时,只产生很小的频谱扩展。这种形式的已调波具有两个主要特点:其一是包络恒定或起伏很小;其二是已调波频谱具有高频快速滚降特性,或者说已调波旁瓣很小,或者几乎没有旁瓣。采用这种技术已实现了多种调制方式。一个已调波的频谱特性与其相位路径有着密切的关系

（因为 $\omega = \mathrm{d}\theta(t)/\mathrm{d}t$）。要控制已调波的频率特性，就必须要控制它的相位特性，恒包络调制技术的发展始终是围绕着进一步改善已调波的相位路径这一中心进行的。

下面就近些年发展起来的有效节省频谱的现代数字调制技术进行介绍。

5.6.1　正交振幅调制

正交振幅调制（QAM）是幅度和相位联合键控 APK 的一种调制方式。它可以提高系统的可靠性，具有较高的频带利用率，是目前应用较为广泛的一种调制方式。

在二进制 ASK 系统中，其频带利用率是 1 bit/(s·Hz)。若利用正交载波技术传输 ASK 信号，可使频带利用率提高一倍。如果再把多进制与其他技术结合起来，还可进一步提高频带利用率。能够完成这种任务的技术称为正交振幅调制。QAM 是用两路独立的基带信号对两个相互正交的同频载波进行抑制载波双边带调幅，利用这种已调信号的频谱在同一带宽内的正交性，实现两路并行的数字信息的传输。该调制方式通常有二进制 QAM（4QAM），四进制 QAM（16QAM），八进制 QAM（64QAM）……，对应的空间信号矢量端点分布图称为星座图，如图 5-23(a)所示，分别有 4、16、64、…个矢量端点。从图 5-23(b)可以看出，电平数和信号状态之间的关系是 $M = m^2$，其中 m 为电平数，M 为信号状态。对于 4QAM，当两路信号幅度相等时，其产生、解调、性能及相位矢量均与 4PSK 相同。

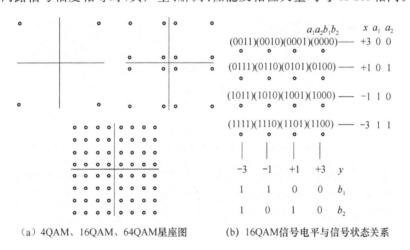

|　(a) 4QAM、16QAM、64QAM星座图　|　(b) 16QAM信号电平与信号状态关系　|

图 5-23　QAM 星座图

QAM 信号的同相和正交分量可以独立地分别以 ASK 方式传输数字信号。如果两通道的基带信号分别为 $x(t)$ 和 $y(t)$，则 QAM 信号可表示为

$$\varphi_{\mathrm{QAM}}(t) = x(t)\cos\omega_0 t + y(t)\sin\omega_0 t$$

式中

$$x(t) = \sum_{k=-\infty}^{\infty} x_k g(t - kT_s)$$

$$y(t) = \sum_{k=-\infty}^{\infty} y_k g(t - kT_s)$$

式中，T_s 为多进制码元间隔。为了传输和检测方便，x_k 和 y_k 一般为双极性 m 进制码元，间隔相等，如取为 $\pm 1, \pm 3, \cdots, \pm(m-1)$ 等。

　　通常,原始数字数据都是二进制的。为了得到多进制 QAM 信号,首先应将二进制信号转换成 m 进制,然后进行正交调制,最后再相加。图 5-24(a)示出了产生多进制 QAM 信号的数学模型。图中 $x'(t)$ 由序列 $a_1,a_2,\cdots,a_k$ 组成,$y'(t)$ 由序列 $b_1,b_2,\cdots,b_k$ 组成,它们是两组互相独立的二进制数据,经 $2/m$ 变换器变成 m 进制信号 $x(t)$ 和 $y(t)$,经正交调制组合后形成 QAM 信号。

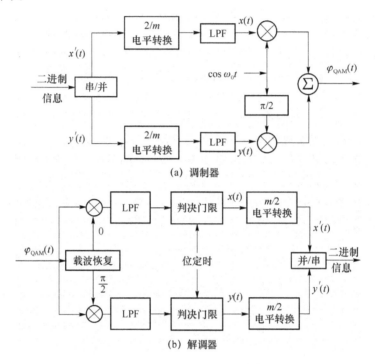

图 5-24　MQAM 调制器与解调器

　　QAM 信号采用正交相干解调的方法解调,其数学模型如图 5-24(b)所示。解调器首先对收到的 QAM 信号进行正交相干解调,低通滤波器 LPF 滤除乘法器产生的高频分量,LPF 输出经抽样判决可恢复出 m 电平信号 $x(t)$ 和 $y(t)$。根据多进制码元与二进制码元之间的关系,经 $m/2$ 转换,可将 m 电平信号转换为二进制基带信号 $x'(t)$ 和 $y'(t)$。由于 QAM 信号采用正交相干解调,所以它的误码率性能与 4PSK 系统相同。

5.6.2　交错正交相移键控

　　在前面讨论 QPSK 信号时,曾假定每个符号的包络是矩形,并认为信号的振幅包络在调制中是恒定不变的。但是当它通过限带滤波器进入信道时,其功率谱的旁瓣(信号中的高频成分)会被滤除,所以限带后的 QPSK 信号已不能保持恒包络,特别是当码组 00↔11 或 01↔10 时,产生 180°载波相位跳变,限带后还会出现包络为 0 的现象,如图 5-25 所示。这种相位跳变引起的包络起伏,将导致频谱扩展,增加对邻道波的干扰。为了消除这 180°的载波相位跳变,在 QPSK 基础上提出了交错正交相移键控(OQPSK)调制方式。

　　OQPSK 是在 QPSK 基础上发展起来的一种恒包络数字调制技术,是 QPSK 的改进型,也称为偏移四相相移键控(offset-QPSK)。它与 QPSK 有同样的相位关系,也是把输入码

流分成两路,然后进行正交调制。不同点在于它将同相和正交两支路的码流在时间上错开
了半个码元周期。由于两支路码元半周期的偏移,每次只有一路可能发生极性翻转,不会发
生两支路码元极性同时翻转的现象。因此,OQPSK 信号相位只能跳变 $0°,±90°$,不会出现
$180°$ 的相位跳变。因此星座图中的信号点只能沿正方形四边移动,消除了已调信号中相位
突变 $180°$ 的现象,如图 5-26 所示。

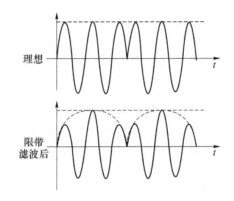

图 5-25　QPSK 信号限带前后的波形

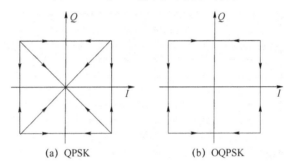

图 5-26　相位转移图

OQPSK 信号的调制、解调的同相路 $I(t)$、正交路 $Q(t)$ 的典型波形图分别示于图 5-27 中。

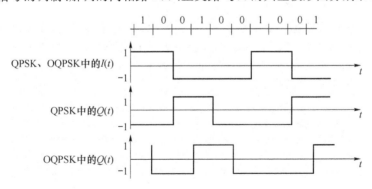

图 5-27　QPSK、OQPSK 信号中的同相和正交基带信号

OQPSK 信号的产生原理可由图 5-28 来说明。图中 $T_s/2$ 的迟延电路是为了保证 I、Q
两路码元偏移半个码元周期,BPF 的作用是形成 OQPSK 信号的频谱形状,保持包络恒定。
除此之外,其他均与 QPSK 作用相同。

OQPSK 信号可采用正交相干解调方式解调,其原理如图 5-29 所示。由图看出,它与 QPSK 信号的解调原理基本相同,其差别仅在于对 Q 支路信号抽样判决时间比 I 支路延时了 $T_s/2$,这是因为在调制时 Q 支路信号在时间上偏移了 $T_s/2$,所以抽样判决时刻也应偏移 $T_s/2$,以保证对两支路交错抽样。

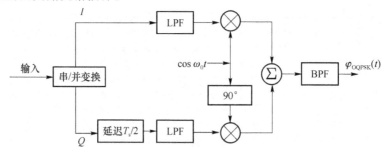

图 5-28　OQPSK 信号产生

OQPSK 克服了 QPSK 的 180°的相位跳变,信号通过 BPF 后包络起伏小,性能得到了改善,因此受到了广泛重视。但是,当码元转换时,相位变化不连续,存在 90°的相位跳变,因而高频滚降慢,频带仍然较宽。

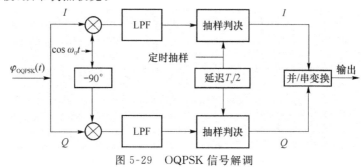

图 5-29　OQPSK 信号解调

5.6.3　π/4-QPSK

OQPSK 信号经窄带滤波后不再出现包络为 0 的情况。但仍要采用相干解调方式,这是我们所不希望的。现在北美和日本的数字蜂窝移动通信系统中采用了 π/4-QPSK 调制方式,它不但消除了倒 π 现象,还可以采用差分相干解调技术。

π/4-QPSK 调制系统把已调信号的相位均匀等分为 8 个相位点,分成。和·两组,已调信号的相位只能在两组之间交替选择,这样就保证了它在码元转换时刻的相位突跳只可能出现 $\pm\pi/4$ 或 $\pm3\pi/4$ 四种情况之一,其矢量状态转换图如图 5-30 所示(为方便对比,图中还示出了 QPSK 的矢量状态转换图)。

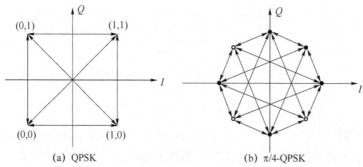

(a) QPSK　　　　　　　　　(b) π/4-QPSK

图 5-30　相位矢量状态转换图

5.6.4　最小频移键控

利用两个独立的振荡源产生的 FSK 信号,一般情况下,在频率转换点上相位不连续,使得功率谱产生很大的旁瓣分量,带限后会引起包络起伏。为了克服上述缺点,可采用相位连续的频移键控(CPFSK)技术。目前,移动通信系统中大量采用的最小频移键控(MSK)就是 CPFSK 技术中的一种。

1. MSK 数字调制技术的特点

它的调制指数 $h=1/2$,具有正交信号的最小频差,在相邻符号交界处其相位路径的变化连续,能产生恒定包络。

MSK 的时域表达式

$$\varphi_{MSK}(t)=A\cos\theta(t)=A\cos[\omega_c t+\varphi(t)] \tag{5-6}$$

式中 $\omega_c=(\omega_1+\omega_2)/2$,$\omega_1$ 是发"1"时对应的角频率,ω_2 是发"0"时对应的角频率,$\phi(t)$ 是附加相位。

$$\phi(t)=\frac{a_i\pi t}{2T_s}+\phi_i \quad (i-1)T_s<t\leqslant iT_s \tag{5-7}$$

式中第一项为频偏,a_i 取值 ±1,表示第 i 个输入码元;ϕ_i 是第 i 个输入码元的起始相位,在一个码元周期 T_s 内为定值,ϕ_i 的选取应能保证在 $t=iT_s$ 时刻信号相位变化的连续性。

为得到 MSK 数字调制所需的两个频率值,现对总相角求微分

$$\frac{d\theta(t)}{dt}=\omega_c+\frac{a_i\pi}{2T_s}=\begin{cases}2\pi[f_c+f_s/4]=2\pi f_1 & a_i=+1\\ 2\pi[f_c-f_s/4]=2\pi f_2 & a_i=-1\end{cases}$$

解出

$$f_1=f_c+f_s/4$$
$$f_2=f_c-f_s/4$$

最小频差

$$\Delta f=|f_1-f_2|=1/2T_s=f_s/2$$

调制指数

$$h=\Delta f/f_s=1/2$$

2. 满足正交性的条件

载波频率

$$f_c=\frac{1}{2}(f_1+f_2)$$

最小频差

$$\Delta f=f_s/2$$

码元间隔

$$T_s=\frac{nT_c}{4} \quad (每一码元周期内含四分之一载波周期的整数倍)$$

或

$$f_c=\frac{n}{4T_s}=\frac{nf_s}{4} \quad (载波频率应取四分之一码元速率的整数倍)$$

3. 相位常数

相位常数的选取应能保证在前后码元转换时的相位路径连续,即第 i 个码元的起始相位应等于第 $i-1$ 个码元的末相。换言之,在 $t=iT_s$ 时刻应保证两个相邻码元的附加相位 $\phi(t)$ 相等,即

$$\left(\frac{a_{i-1}\pi}{2T_s}\right)iT_s+\phi_{i-1}=\left(\frac{a_i\pi}{2T_s}\right)iT_s+\phi_i$$

解出相位常数

$$\phi_i=\phi_{i-1}+(a_{i-1}-a_i)\frac{i\pi}{2}\quad(模\ 2\pi)$$

或

$$\phi_i=\begin{cases}\phi_{i-1}\pm i\pi & a_{i-1}\neq a_i\\ \phi_{i-1} & a_i=a_{i-1}\end{cases} \qquad (5\text{-}8)$$

此式说明两个相邻码元之间的相位存在着相关性。对相干解调来说,ϕ_i 的起始参考值若假定为 0,则

$$\phi_i=0\ 或\ \pi\quad(模\ 2\pi)$$

4. 附加相位的变化轨迹

附加相位函数 $\phi(t)$ 在数值上等于由 MSK 调制的总相角 $\theta(t)$ 减去随时间线性增长的载波相位 $\omega_c t$ 得到的剩余相位,其表达式(5-7)本身是一斜线方程,斜率为 $a_i\pi/2T_s$,截距是 ϕ_i。另外,由于 a_i 的取值为 ±1,故 $(a_i\pi/2T_s)t$ 是一个以码元宽度 T_s 为段的、分段线性的相位函数,在任一个码元期间内 $\phi(t)$ 的变化量总是 $a_i\pi/2$,即 $a_i=+1$ 时线性增加 $\pi/2$,$a_i=-1$ 时线性减小 $\pi/2$。

图 5-31 给出了当输入二进制数据序列为 1101000 时,信号的初相角以及附加相位的变化轨迹。

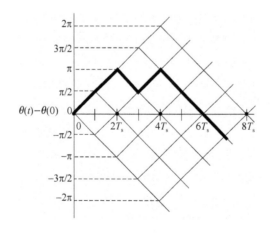

图 5-31 MSK 的相位网格图

5. MSK 信号的产生

展开式(5-6)

$$\varphi_{MSK}(t)=A\cos\left[\omega_c t+\varphi(t)\right]=\cos\phi(t)\cos\omega_c t-\sin\phi(t)\sin\omega_c t$$

式中

$$\cos\phi(t)=\cos\left(\frac{a_i\pi t}{2T_s}+\phi_i\right)=\cos\left(\frac{a_i\pi t}{2T_s}\right)\cos\phi_i=\cos\left(\frac{\pi t}{2T_s}\right)\cos\phi_i$$

$$-\sin\phi(t)=-\sin\left(\frac{a_i\pi t}{2T_s}+\phi_i\right)=-\sin\left(\frac{a_i\pi t}{2T_s}\right)\cos\phi_i=-a_i\sin\left(\frac{\pi t}{2T_s}\right)\cos\phi_i$$

令 $\cos\phi_i=I_i$，$-a_i\cos\phi_i=Q_i$，则

$$\varphi_{\mathrm{MSK}}(t)=I_i\cos\left(\frac{\pi t}{2T_s}\right)\cos\omega_c t+Q_i\sin\left(\frac{\pi t}{2T_s}\right)\sin\omega_c t \qquad (i-1)T_s<t\leqslant iT_s \qquad (5\text{-}9)$$

式中 I_i 是同相分量基带信号的等效数据，Q_i 是正交分量基带信号的等效数据，参考式(5-8)可算出其值，它们与原始数据有关，可以由原始数据差分编码得到。

按式(5-9)构成的 MSK 调制器原理框图如图 5-32 所示，各点波形如图 5-33 所示。

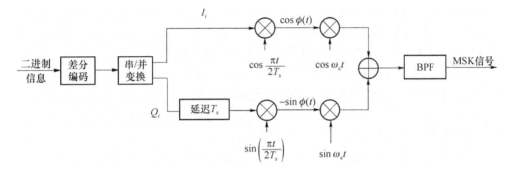

图 5-32　MSK 调制器原理框图

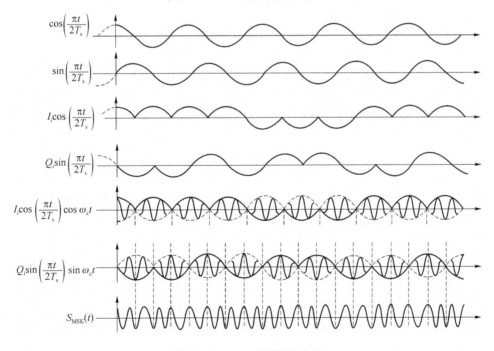

图 5-33　MSK 调制信号波形

信号的解调与 FSK 相似，可采用相干解调或非相干解调。

5.6.5 其他恒包络调制

为了适合限带传输,希望调制信号的功率谱主瓣越窄、滚降速度越快、旁瓣所含的功率分量越小、相位路径越平滑越好。

MSK 信号相位路径的变化虽然连续,但是在符号转换时刻呈现尖角,即此时相位路径的斜率变化并不连续,因而影响了已调信号频谱的衰减速度,带外辐射较强。下面围绕着怎样使符号转换时刻相位路径的斜率变化也连续,再介绍几种恒包络调制。

1. 正弦频移键控

正弦频移键控(SFSK)是着眼于在 MSK 信号一个码元间隔内为平滑 $\pm\pi/2$ 相位突变的"尖角",改进为正弦相位路径方式。具体做法是在一个码元内线性增、减的线性相位函数上叠加一个周期的正弦相位函数,如图 5-34 所示。这样可以在 MSK 为空号时,正弦波相位为 0;在传号时,相位为 π。SFSK 的作用是:

(1) 平滑了 MSK 信号的 $\pm\pi/2$"尖角",在码元转换时刻的相位变化率为 0;

(2) SFSK 功率谱的滚降收敛快于 MSK,带外辐射小;

(3) 保留了原 MSK 的一切优点与特点,特别是仍确保相位在 π/2 范围内变化。

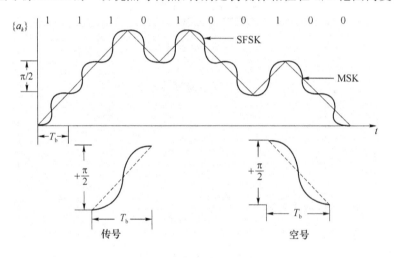

图 5-34 SFSK 信号相位路径

由于 SFSK 信号把 MSK 信号在每个符号内的直线也改成了曲线,导致 SFSK 信号频谱的主瓣宽度比 MSK 的还宽,所以影响了 SFSK 信号的应用。

2. 平滑调频

SFSK 平滑了 MSK 相位轨迹中的尖角,是通过在一个码元时间内线性相位轨迹叠加正弦波来实现的。但是,在 SFSK 波形中,每一码元的中点附近,其相位轨迹变化率却超过了 MSK,这导致 SFSK 频谱的主瓣宽度也超过了 MSK。为了保留 SFSK 的优点,克服其缺点,产生了 SFSK 的改进型——平滑调频(TFM)。

TFM 改进 SFSK 的做法是,只有当连续传号或连续空号时,才出现相位增(或减)π/2。连两个 1 或 0 时,相位增减只有 π/4,当 1,0 码相间出现时,则相位变化率几乎为 0,相位路径曲线如图 5-35 所示。这样,既保留了 SFSK 相位轨迹在码元转换点上变化率为零的优点,同时,也设法减小了相位轨迹在一个码元内各时刻的斜率。它与 MSK 比较,相位路径有很大改善。从而使频谱滚降加快,带外辐射减小,频谱主瓣变窄。理论分析表明,其主瓣宽度小于 SFSK,几乎没有旁瓣。这是一种较好的调制方式,在实际中得到了应用。

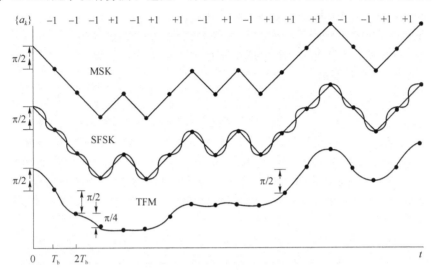

图 5-35　TFM 信号相位路径与 MSK、SFSK 的比较

TFM 信号的产生可以采用直接调频的方法和正交调幅的方法实现。

TFM 信号的解调一般采用正交相干解调方法,如果发送端采用差分编码,则在接收端应采用相应的译码方案。

3. 调制前高斯滤波的最小频移键控

为了减小已调波的主瓣宽度和邻道中的带外辐射,在 TFM 调制方式中,调制前让基带信号先经过高斯滤波器滤波,使基带信号形成高斯脉冲,之后进行 MSK 调制。由于滤波形成的高斯脉冲包络无陡峭的边沿,亦无拐点,所以经调制后的已调波相位路径在 MSK 的基础上进一步得到平滑,相位如图 5-36 所示。由图可以看出,它把 MSK 信号的相位路径的尖角平滑掉了,因此频谱特性优于 MSK 和 SFSK。该方法称为调制前高斯滤波的最小频移键控,记为 GMSK。GMSK 信号频谱的主瓣宽度由高斯低通滤波器的带宽决定,如果选择恰当,能使 GMSK 信号的带外辐射功率小到可以满足移动通信的要求。

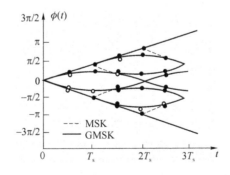

图 5-36　GMSK 信号相位轨迹图

GMSK 在无线移动通信中得到应用,如目前流行的 GSM 蜂窝移动通信系统。

小　结

数字频带传输不同于数字基带传输的地方在于它包含有调制和解调,因调制和解调的方式不同,数字频带系统具有不同的性能。数字调制与模拟调制的差别是调制信号为数字基带信号,根据被调参数不同,有幅移键控(ASK)、频移键控(FSK)和相移键控(PSK)3种基本方式。另外,还有如振幅与相位相结合的调制方式(QAM)、最小频移键控(MSK)以及平滑调频(TFM)等调制方式。

幅移键控是最早应用的数字调制方式,它是一种线性调制系统。其优点是设备简单、频带利用率较高。缺点是抗噪声性能差,而且它的最佳判决门限与接收机输入信号的振幅有关,因而不易使取样判决器工作在最佳状态。但是,随着电路、滤波和均衡技术的发展,应高速数据传输的需要,多电平调制技术的应用越来越受到人们的重视。

频移键控是数字通信中的一种重要调制方式。其优点是抗干扰能力强,缺点是占用频带较宽,尤其是多进制调频系统,频带利用率很低。目前主要应用于中、低速数据传输系统中。

相移键控分为绝对相移和相对相移两种。绝对相移信号在解调时有相位模糊的缺点,因而在实际中很少采用。但绝对相移是相对相移的基础,有必要熟练掌握。相对相移不存在相位模糊的问题,因为它是依靠前后两个接收码元信号的相位差来恢复数字信号的。相对相移的实现通常是先进行码变换,即将绝对码转换为相对码,然后对相对码进行绝对相移;相对相移信号的解调过程是进行相反的变换,即先进行绝对相移解调,然后再进行码的反变换,即将相对码转换为绝对码。最后恢复出原始信号。相移键控是一种高传输效率的调制方式,其抗干扰能力比幅移键控和频移键控都强,因此在高、中速数据传输中得到了广泛应用。多进制相移键控信号常用的有四相制和八相制,它们均可以看做是振幅相等而相位不同的振幅调制,它是一种频带利用率高的高效率传输方式,其抗噪声性能也好,因而得到了广泛应用。MDPSK用得更广一些。值得一提的是,多进制相移键控的发展趋势是纯数字化,即数字式的调制解调方式。

本章还介绍了一些其他类型的调制解调方式,最小频移键控方式(MSK),优点是保持码元转换点上相位连续,其相位积累规律是直线形,使 MSK 的功率谱主瓣窄,旁瓣下降迅速;高斯最小频移键控(GMSK)方式,由于高斯脉冲包络无陡峭沿,亦无拐点。相位路径进一步平滑,使其功率谱特性优于 MSK,成为移动通信的标准调制方式;平滑调频(TFM)方式将相位路径中一个符号间隔的升余弦扩展到几个符号间隔内,使其频谱特性衰减更快,应用于移动通信中。

思　考　题

1. 什么是数字调制?它和模拟调制有哪些异同点?
2. 什么是振幅键控?2ASK 信号的波形有什么特点?
3. 试比较相干检测 2ASK 系统和包络检测 2ASK 系统的性能及特点。

4. 2ASK 信号的功率谱有什么特点?

5. 什么是移频键控? 2FSK 信号的波形有什么特点?

6. 产生 2FSK 信号和解调 2FSK 信号各有哪些常用的方法?

7. 2FSK 信号的功率谱有什么特点?

8. 什么是绝对移相? 什么是相对移相? 它们有何区别?

9. 2PSK 信号和 2DPSK 信号可以用哪些方法解调? 它们是否可以采用包络检波法解调? 为什么?

10. 什么是振幅相位联合键控(APK)系统? 它是如何提高功率利用率的?

11. 什么是最小移频键控(MSK)? 其相位具有何特点? 频谱得到了怎样的改善?

12. 什么是 GMSK 调制? 它与 MSK 调制有何不同?

第6章

信道复用和多址方式

　　信道复用,就是利用一条信道同时传输多路信号的一种技术,信道复用的目的是为了提高通信系统的有效性。随着通信技术的发展,为了提高系统的有效性,充分利用信道资源,将若干个彼此独立的信号合并为一个复合信号在同一信道上传输。多个用户的信号在同一信道中传输而又能很好地区分,理论上可采用正交划分的方法。常用的正交划分(复用)有频率划分、时域划分和正交编码域划分,即频分复用、时分复用和码分复用等。

　　在卫星通信系统、移动通信系统和计算机通信网等通信系统中,通信台、站的位置分布面可能很广,甚至为立体空间分布,而且它们的位置还可能在大范围内随时移动。因此,需采用不同的地址(多址方式)实现任意点、任意时间与任意对象的信息交换。

　　多址方式的典型应用是卫星通信。这里所谓多址方式是指多个地球站通过共同的卫星同时建立各自的信道,从而实现各地球站之间通信的一种方式。

　　虽然多址方式与多路复用是两个不同的概念,但也有相似之处,因为两者都是研究和解决信道共享问题。它们在通信过程中都包括多个信号的复合、复合信号在信道上的传输以及信号的分离3个过程。不过,多路复用是指多个信号在基带信道上进行复合和分离,信号来自话路,所以区分信号和区分话路是一致的。用户是固定接入的,网络资源是预先分配给各用户共享的。而多址方式则是指多个地球站发射的信号通过卫星在射频信道上的复用。多址接入时网络资源是动态分配的,即多址接入必须按照用户对网络资源的要求,随时动态地改变网络资源的分配。

　　同样,在蜂窝移动通信系统中也是以信道来区分通信对象的。一个信道只容纳一个用户进行通话,许多同时通信的用户相互以信道来区分,这种信道区分技术即为多址技术(多址方式)。复用技术和多址技术都是现代通信系统中的关键技术。本章主要讨论这两种技术的基本原理。

6.1　频　分　复　用

　　按频率区分信号的方法称为频分复用(FDM),也就是用不同频率传送多路信号,以实现多路通信,这种方法也称频率复用。频率复用信号在频谱上不会重叠,但在时间上是重叠的。频分复用的理论基础就是调制定理,也就是将调制信号的频谱经调制后搬移到不同的位置上去。

图 6-1 为 FDM 系统的原理框图。

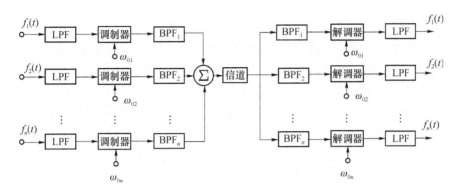

图 6-1　频分复用实现框图

由图 6-1 可见,复用的信号共有 n 路,每路信号首先通过低通滤波器,以便限制各路信号的最高频率到 f_m,如音频信号限制在 3.4 kHz 左右。然后各路信号通过各自的调制器,它们的电路可以是相同的,但所用的载波频率不同,调制方式可以任意选择。为了节省边带,最常用的是单边带调制。已调信号分别通过限定自身频率范围的带通滤波器,最后各路信号合并为一个总的复用信号 $f_s(t)$,其频谱结构(以 SSB 为例)如图 6-2 所示。

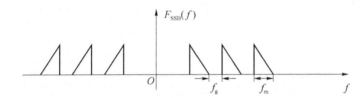

图 6-2　频率复用的频谱组成

为了防止邻路信号之间相互干扰,相邻信道之间需加防护频带 f_g。因此,总的复用信号的带宽为

$$B = Nf_m + (N-1)f_g$$

合并后的复用信号可直接通过信道传输,也可以经过再次调制后进行传输。

在接收端,可利用相应的带通滤波器来分离出各路信号,并通过各自的解调器和低通滤波器恢复出各路的调制信号。

频分复用系统的最大优点是信道利用率高,可复用的路数多,同时分路也很方便。因此,它是目前模拟通信系统中采用的最主要的一种复用方式,特别是在有线和微波通信系统中,应用十分广泛。

频分复用的主要缺点是设备复杂;若滤波器特性不够理想和信道存在非线性时,会产生路间干扰。

6.2 时 分 复 用

时分复用(TDM)是建立在抽样定理基础上的,因为抽样定理使连续(模拟)的基带信号有可能被在时间上离散出现的抽样脉冲值所代替。这样,当抽样脉冲占据较短时间时,在抽样脉冲之间就留出了时间空隙。利用这种空隙便可以传输其他信号的抽样值,达到用一条信道同时传输多个基带信号的目的。这样按照一定时间次序循环地传输各路信息,以实现多路通信的方式称为时分多路通信,这种方式也称为时分多路复用。

需注意,TDM 在时域上各路信号是分离的,但在频域上各路信号是混叠的;FDM 在频域上各路信号是分离的,但在时域上各路信号是混叠的。

6.2.1 时分多路通信原理

以 PAM 为例说明 TDM 的原理。

假设有 3 路 PAM 信号进行时分多路复用,实现方法如图 6-3 所示,波形如图 6-4 所示。首先各路信号通过相应的低通变为带限信号,然后送到抽样开关(或旋转开关)。旋转开关每 T_s 秒将各路信号依次抽样一次,这样 3 个样值按先后顺序错开纳入抽样间隔 T_s 之内。合成的复用信号是 3 个抽样信息之和,如图 6-4(d)所示。由各个信息构成单一抽样的一组脉冲称为一帧,一帧中相邻两个脉冲之间的时间间隔称为时隙,未能被抽样脉冲占据的时隙称为防护时间。

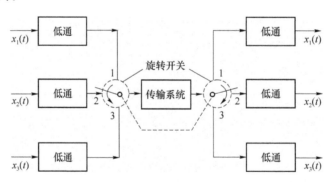

图 6-3 3 路时分复用方框图

多路复用信号可以直接送入信道传输,或者加到调制器上变换成适于信道传输的形式再送入信道。

在接收端,合成的时分复用信号由分路开关依次送入各路相应的重建低通,恢复出原来的连续信号。

在 TDM 中,发送端的抽样开关和接收端的分路开关必须同步。所以在发端和收端都设有时钟脉冲序列来稳定开关时间。同步就是保证两个时钟序列合拍。

开关旋转一周的时间称为帧长,用 T_s 表示。每路信号所占的时间称为时隙,用 TS 表示。通常一位抽样脉冲又编为 n 位码。反映帧长、时隙、码位位置关系的时间图称为帧结构图。

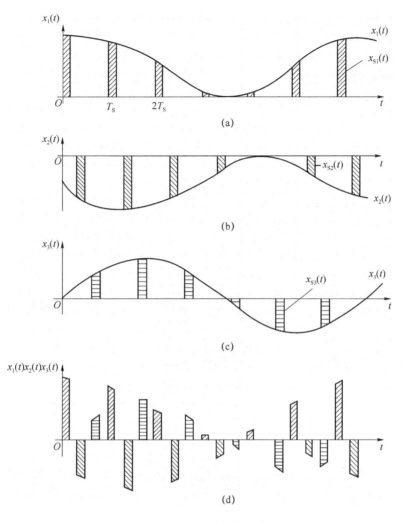

图 6-4　3 路时分复用波形

目前的数字通信一般是以时分的方式实现多路复用的。CCITT 建议有两种标准系列，我国和欧洲等国采用 PCM30/32 路（A 律 13 折线压缩特性），日本和北美等国采用 PCM24 路（μ 律 15 折线压缩特性）。

下面介绍我国采用的 PCM30/32 路基群帧结构。

6.2.2　PCM30/32 路基群帧结构

PCM30/32 路端机在脉冲调制多路通信中是一个基群设备。用它可组成高次群，也可独立使用，与市话电缆、长途电缆、数字微波系统、光纤等传输信道连接，作为有线或无线电话的时分多路终端设备。

1. 基本特性

话路数目：30

抽样频率：8 kHz

压扩特性：$A=87.6/13$ 折线压扩律，编码位数 $n=8$，采用逐次对分比较型编码器，其输出为折叠二进制码。

每帧时隙数：32

总数码率：$8×32×8\,000=2\,048$ kbit/s

2. 帧与复帧结构

帧与复帧结构如图 6-5 所示。

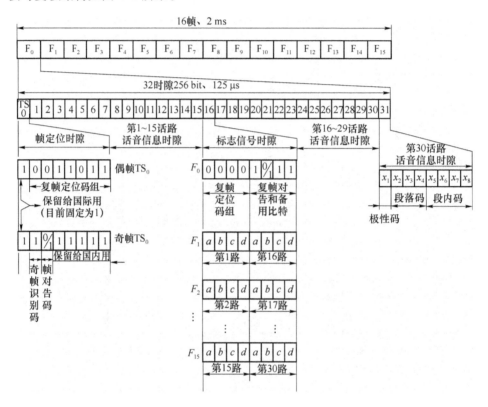

图 6-5　帧与复帧结构

（1）时隙分配

在 PCM30/32 路制式中，抽样周期为 $\dfrac{1}{8\,000}=125\,\mu s$，它被称为一个帧周期，即 $125\,\mu s$ 为一帧。一帧内要时分复用 32 路，每路占用的时隙为 $\dfrac{125}{32}=3.9\,\mu s$，称为一个时隙。因此一帧有 32 个时隙，按顺序编号为 TS_0，TS_1，…，TS_{31}。时隙的使用分配如下。

① $TS_1 \sim TS_{15}$，$TS_{17} \sim TS_{31}$ 为 30 个话路时隙。

② TS_0 为帧同步码，监视码时隙。

③ TS_{16} 为信令（振铃、占线、摘机等各种标志信号）时隙。

（2）话路比特的安排

每个话路时隙内要将样值编为 8 位二元码，每个码元占 $\dfrac{3.9}{8}\,\mu s=488$ ns，称为 1 比特，编号为 1~8。第 1 比特为极性码；第 2~4 比特为段落码；第 5~8 比特为段内码。

（3）TS_0 时隙比特分配

为了使收发两端严格同步，每帧都要传送一组特定的帧同步码组或监视码组。帧同步码组为"0011011"，占用偶帧 TS_0 的第 2～8 码位。第 1 比特供国际通信用，不使用时发送"1"码。奇帧比特分配给第 3 位的为帧失步告警码，以 A_1 表示，同步时送"0"码，失步时送"1"码。为了避免偶帧 TS_0 的第 2～8 码位出现假同步码组，第 2 位码规定为监视码，固定为"1"，第 4～8 位码为国内通信用，目前暂定为"1"。

（4）TS_{16} 时隙的比特分配

若将 TS_{16} 时隙的码位按时间顺序分配给各话路传送信令，需要用 16 帧组成一个复帧，分别用 F_0，F_1，…，F_{15} 表示。复帧周期为 2 ms，复帧频率为 500 Hz。复帧中各子帧的 TS_{16} 分配如下。

① F_0 帧：1～4 码位传送复帧同步信号"0000"；第 6 码位传送复帧失步告警信号 A_2，同步为"0"码，失步为"1"码，5、7、8 码位传送"1"码。

② F_1～F_{15} 各帧的 TS_{16} 前 4 比特传 1～15 路话路的信令信号，后 4 比特传 16～30 路话路的信令信号。

综上所述，PCM 30/32 基群的帧结构中，每帧有 32 个时隙，其中 30 个时隙用来传送话音信息，所以称为 PCM 30/32 路系统。

6.2.3　数字通信系统的高次群

前面讲的 PCM30/32 路和 PCM24 路时分多路系统，称为数字基群（即一次群）。对于基群和更高次群系统，在 CCITT 中已建立起标准。在该标准中，采用数字复接技术把较低群次的数字流逐级汇合成更高群次的数字信息流。CCITT 推荐了两种一次、二次、三次和四次群的数字等级系列，如表 6-1 所列。一种是北美、日本采用的制式，另一种是欧洲、中国采用的制式。

表 6-1　TDM 制数字复接系列

群路等级	欧洲、中国		日本		北美	
	话路数	传输速率	话路数	传输速率	话路数	传输速率
一次群	30	2.048 Mbit/s	24	1.544 Mbit/s	24	1.544 Mbit/s
二次群	120	8.448 Mbit/s	96	6.312 Mbit/s	96	6.312 Mbit/s
三次群	480	34.368 Mbit/s	480	32.064 Mbit/s	672	44.736 Mbit/s
四次群	1 920	139.264 Mbit/s	1 440	97.728 Mbit/s	4 032	274.176 Mbit/s
五次群	7 680	564.992 Mbit/s	5 760	397.200 Mbit/s	8 064	560.160 Mbit/s

中国、欧洲与俄罗斯采用以 2 048 kbit/s 为基群的数字速率系列，其优点是数字复接性能好，集中式帧定位的搜索捕捉性能好；它与数字交换用的帧结构是统一的，便于向数字传输与数字交换统一化方向发展。

北美和日本等国采用以 1 544 kbit/s 为基群的数字速率系列。这种系列的帧同步码和复帧同步码分散在各帧中。在三次群以上,北美和日本在系列上又分开了。

上述系列是准同步数字系列(PDH)。PDH 体系主要针对点到点的业务传输,已经不能适应现代通信网发展的要求。随之而产生的同步数字体系(SDH)具有标准化接口、灵活的上/下业务能力和强大的网管等特点,是目前全球最重要的传送体制。下面将介绍其产生的技术背景、基本概念、主要特点和基本原理。

6.2.4 同步数字体系(SDH)

1. SDH 的产生

20 世纪 80 年代中期以来,光纤通信在电信网中获得了大规模的应用,光纤通信的廉价和优良的带宽特性正使之成为电信网的主要传输手段。然而,传统的基于点对点传输的准同步数字(PDH)系统存在着一些固有的、难以克服的弱点。

(1) 只有地区性的数字信号速率和帧结构标准(PDH 系列有北美和欧洲两个体系和三个地区性标准),不存在世界性标准。不同地区的速率标准不一致导致相互不兼容,国际互通十分困难。

(2) 没有世界性的标准光接口规范,线路编码的采用导致各个厂家自行开发各种专用光接口,这些专用光接口无法在光路上互通。唯有通过光/电变换转变成标准的电接口(G. 703 接口)才能互通,限制了联网应用的灵活性,也增加了网络的复杂性和运营成本。

(3) 准同步系统的复用结构,除了几个低速率等级的信导采用同步复用外,其他多数等级的信号采用异步复用,即靠塞入一些额外比特使各支路信号与复用设备同步并复用成高速信号。这种方式很难从高速信号中识别和提取低速支路信号,复用结构不仅复杂,也缺乏灵活性,上/下业务费用高,数字交叉连接(DXC)的实现十分复杂。

(4) 网络运行、管理和维护(OAM)主要依靠人工,无法适应不断演变的电信网要求,更难以支持新一代的网络业务和应用。

(5) 建立在点到点传输基础上的复用结构缺乏灵活性,使得数字通信设备的利用率很低,非最短的通道路由占了业务流量的大部分。

为了解决 PDH 体制的弊病,北美的贝尔通信研究所提出称为同步光网络(SONET)的新的传送网体制,ITU-T 接受了 SONET 的概念,并在此基础之上进行了一系列标准化工作,重新命名为同步数字体系(SDH)。SDH/SONET 目前已经成为世界范围内传输网最基本的标准之一。

2. SDH 的基本概念和特点

光同步数字传输网由一些 SDH 网元(NE)组成,在光纤上同步地进行信息传送。SDH 具有全世界统一的网络节点接口(NNI),从而简化了信号的互通以及信号的传输、复用、交叉连接和交换过程;它有一套标准化的信息结构等级,称为同步传送模块。SDH 具有一种块状帧结构,允许安排丰富的开销比特(即网络节点接口比特流中扣除净负荷后的剩余部分)用于网络的 OAM 。SDH 基本网元有终端复用器(TM)、分插复用器(ADM)和同步数字交叉连接设备(SDXC)等,其功能各异,但都有统一的光接口,具有高度的横向兼容性,允许不同厂家设备在光路上互通。SDH 还具有一套特殊的复用结构,允许现存 PDH、SDH、ATM 和 IP 等多种类型的信号都能进入其帧结构,因而具有广泛的适应性;它大量采用软件进行网络配置和控制,使得新功能和新特性的增加比较方便,适于将来的不断发展。

SOH 传送网主要有下列特点。

(1) 使 1.5 Mbit/s 和 2 Mbit/s 两大数字系统(3 个地区性标准)在 STM-1 等级上获得统一,实现了数字传输体制上的世界性标准。

(2) 采用了同步复用方式和灵活的复用映射结构。因而只需要软件就可以使高速信号一次直接分插出低速支路信号,这样既不影响别的支路信号,又不需要对全部高速信号进行解复用,省去了全套背靠背的复用设备,使网络结构得以简化,上/下业务十分容易,也使数字交叉连接(DXC)功能的实现大大简化。利用同步分插能力还可以实现自愈环形结构,改进网络的生存性。

(3) SDH 帧结构中安排了丰富的开销比特,因而使网络的 OAM 能力(如故障检测、区段定位、端到端性能监视等)大大加强。此外,由于 SDH 中的 DXC 和 ADM 等网元是高度智能化的,通过嵌入在 SOH 中的控制通路可以使部分网络光路功能分配到网元,实现分布式光路和单端维护,减少了物理链路和安装运行成本,还使新特性和新功能的开发比较容易。

(4) 由于将标准光接口综合进各种不同的网元,减少了将传输和复用分开的需要,从而简化了硬件,缓解了布线拥挤。此外还可以减少光纤网络的成本。

(5) SDH 网具有信息净负荷的透明性。即网络可以传送各种净负荷及其混合体而不管其具体信息结构如何。净负荷与 SDH 网的接口仅仅在边界上才有,一旦净负荷装入虚容器后,网络内部所有设备只需处理虚容器即可,从而减少了光路实体数量,简化了网络管理。

(6) SDH 网还具有定时透明性。SDH 网元连接至高精度基准时钟,这样可减少调整频率和改善网络性能。同时 SDH 还采用了指针调整技术使得净负荷可以在不同"同步岛"之间传送而不影响业务质量。换言之。SDH 网的这种定时透明性使其能在伪同步状态下很好地工作,并有能力经受定时基准的丢失。

(7) 由于用一个光接口代替了大量电接口,因而 SDH 网中所传输的业务信息,可以不必经由常规准同步系统所具有的一些中间背靠背电接口而直接经光接口通过中间节点,省去了大量相关电路单元和跳线光缆,使网络可用性和误码性能都得到改善。而且,由于电接口数量锐减导致运行操作任务的简化及备件种类和数量的减少,使运营成本大大减少。

(8) 由于有了唯一的网络节点接口标准,因此各个厂家的产品可以直接互连互通,从而可使通信网络具有多厂家互操作能力。

(9) SDH/SONET 网与现有网络能完全兼容,即可兼容现有准同步体系的各种速率。同时,SDH 网还能容纳各种新的业务信号,如 FDDI、ATM、TCP/IP 等。简言之,SDH/SO-NET 网具有完全的前向和后向兼容性。

上述特点中最核心的有 3 条,即同步复用、标准光接口和强大的网管能力。当然,作为一种新的技术体制不可能尽善尽美,也必然会有它的不足之处。

(1) 频带利用率不如传统的 PDH 系统。

（2）采用指针调整机理增加了设备的复杂性。

（3）在 SDH 网络和 PDH 网络的边界处，由于指针调整产生的相位跃变使经过多次 PDH/SDH 变换的信号在低频抖动和漂移特性上会遭受比纯粹 SDH 或 PDH 信号更严重的损伤，需要采取有效的相位平滑措施才能满足抖动和漂移性能要求，也为同步网的规划带来了复杂性。

（4）由于大规模地采用软件控制和将业务量集中在少数几个高速链路和交叉连接点上，软件几乎可以控制网络中所有的交叉连接设备和复用设备。这样，在网络层上的人为错误、软件故障，乃至计算机病毒的入侵，可能会导致网络的重大故障，甚至会造成全网瘫痪。为此必须仔细地测试软件，选用可靠性较高的网络拓扑。

可以看出，尽管 SDH 也有其不足之处，但毕竟比 PDH 有着明显的优越性。

3. SDH 速率等级

实现 SDH 网的关键首先需要建立一个统一的网络节点接口（NNI），而规定一套必须遵守的接口速率和数据传送格式是 NNI 标准化的首要任务。下面将首先介绍 NNI 的概念和要求，然后介绍 SDH 的速率等级。

（1）网络节点接口

一个传输网是由两种基本设备构成的，即传输设备和网络节点。传输设备可以是光缆线路系统，也可以由微波接力系统或卫星通信系统等实现。网络节点是指可以进行交换或选路的设备，可以有多种。简单的节点只有复用功能，复杂的节点则包括网络节点的全部功能，即终结、交叉连接、复用和交换功能。网络节点接口（NNI）在概念上是网络节点间的接口，从具体实现上看就是传输设备和网络节点之间的接口。但要想规范一个统一的 NNI，首先要统一的是接口速率等级和信号的帧结构安排。NNI 在网络中的位置可以用图 6-6 来表示。

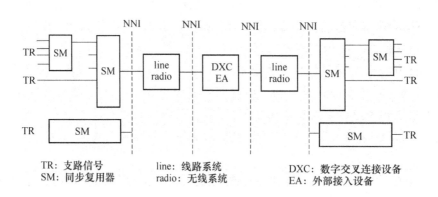

TR: 支路信号 line: 线路系统   DXC: 数字交叉连接设备
SM: 同步复用器 radio: 无线系统   EA: 外部接入设备

图 6-6 NNI 在网络中的位置

（2）同步数字体系的速率

同步数字体系信号最基本的也是最重要的模块信号是同步传送模块（STM），其最低级别的 STM-1 网络节点接口的速率为 155.520 Mbit/s，相应的光接口信号也只是 STM-1 信号经扰码后的电/光变换结果，因而速率不变。更高等级的 STM-N 信号是将基本模块 STM-1 以字节交错间插的方式同步复用的结果，其速率是 155.520 Mbit/s 的 N 倍，目前

SDH 支持的 $N=1$、4 、16 、64 和 256(STM-256 由于对系统指标要求较高,目前应用较少)。表 6-2 中列出了 G.707 建议所规范的标准速率值。

4. SDH 帧结构

SDH 要求能对各种支路信号进行同步的数字复用、交叉连接和交换,因而要求帧结构必须能适应这些功能。同时也希望支路信号在一帧内的分布是均匀的、有规律的,以便进行接入和取出,还要求帧结构能对北美 1.5 Mbit/s 和欧洲 2 Mbit/s 系列信号同样方便和实用。为此 ITU-T 采纳了一种以字节

表 6-2　SDH 的标准速率

等　级	速率/(Mbit·s^{-1})
STM-1	155.520
STM-4	622.080
STM-16	2 488.320
STM-64	9 953.280
STM-256	39 813.120

结构为基础的(每个字节占 8 hit)矩形块状帧结构,如图 6-7 所示。它由横向 $270 \times N$ 列和纵向 9 行字节组成,N 为传送模块的等级($N=1,4,16,64,\cdots$)。帧结构中字节的传输是从由左到右、由上而下一个字节一个字节(一个比特一个比特)地顺序排成串行码流依次传输,传输一帧的时间为 125 μs,每秒共传 8 000 帧,因此对 STM-1 而言,传输速率共为 $8\,000 \times 9 \times 270 \times 8 = 155.520$ Mbit/s。

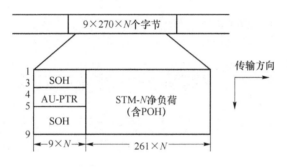

图 6-7　STM-N 帧结构

在 STM-N 帧结构中的每个字节及每个字节中的每个比特是根据它在帧中的位置来加以区分的,而每个字节的速率均为 64 kbit/s,这正好等于数字化的话音信号传输速率,从而为灵活上/下电路和支持各种业务打下了基础。SDH 的帧结构大体分 3 个主要区域,即信息净负荷(Payload)、段开销(SOH)和管理单元指针(AU-PTR)三个区域。

(1) STM-N 信息净负荷区域

信息净负荷区域是帧结构中存放各种信息业务容量的地方。在图 6-7 中所示的 STM-N 帧结构中,信息净负荷区位于纵向第 1～9 行、横向第 $(9 \times N + 1)$～第 $(270 \times N)$ 列,共 $9 \times 261 \times N = 2\,349 \times N$ 字节。从图 6-7 中可以看到,当 N 个 STM-1 信号通过字节间插复用成 STM-N 信号时,仅仅是将 STM-1 信号的列按字节间插复用,行数恒定为 9 行。

在信息净负荷中,还存放着少量用于通道性能监视、管理和控制的通道开销(POH)字节。将通道开销 POH 作为信息净负荷的一部分与信息码一起在网络中传送。

(2) 管理单元指针区域

管理单元指针主要是用来指示信息净负荷的第 1 个字节在 STM-N 帧内的准确位置,以便在接收端正确地分解。在图 6-7 所示的 STM-N 帧结构中,管理单元指针位于纵向第 4 行、横向第 1～9×N 列,共 9×N 字节。

采用指针调整技术是 SDH 复用方法的一个重要特点。利用指针调整技术可以解决网

络节点间的时钟偏差,因而在 SDH 系统接口处,就能从码流中正确地分离出信息净负荷,还有利于实现从 SDH 的各等级传送模块中直接取出(或接入)低速支路信号(即上/下电路灵活方便),便于向更高速率(超过 Gbit/s 级)同步复用扩展。另外,利用软件来实现 SDH 的网络功能,可以有效、快捷、方便地满足传送网运行时所需要的各种灵活性,使得建设具有高性能的传输网络成为可能。

（3）段开销区域

段开销是指在 STM-N 帧结构中保证信息净负荷正常灵活地传送所必须供网络运行管理和维护的附加字节。它的主要作用是提供帧同步和提供网络运行、管理和维护使用的字节。在图 6-7 所示的 STM-N 帧结构中,SOH 位于纵向第 1～3 行、横向第 1～9×N 列和纵向第 5～9 行、横向第 1～9×N 列,共 8×9×N=72×N 字节。

5. SDH 映射与同步复用

（1）基本复用映射结构

映射和同步复用是 SDH 最有特色的内容之一,它使数字复用由 PDH 僵硬的大量硬件配置转变为灵活的软件配置。

ITU-T 为了保证所有的 PDH 体系的信号都可以收容进 SDH,在建议 G.707 中对 PDH 各级信号的复用映射途径进行了规定,见图 6-8。

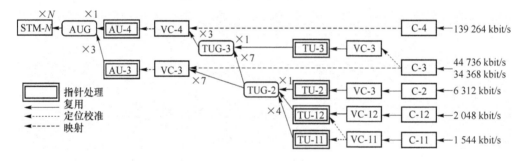

图 6-8　G.707 给出的复用途径

由图 6-8 中可以看出 SDH 复用结构是由一些基本复用单元组成的,有若干中间复用步骤的复用结构。

（2）SDH 基本复用单元

SDH 基本复用单元包括若干容器(C-n)、虚容器(VC-n)、支路单元(TU-n)、支路单元组(TUG-n)、管理单元(AU-n)、管理单元组(AUG-n),n 对应于 PDH 系列中的等级序号。

① 容器(C)

容器是一种用来装载各种速率的业务信号的信息结构。针对 PDH 速率系统 ITU-T 建议 G.707 规定了 C-11、C-12、C-2、C-3 和 C-4 五种标准容器。其标准输入比特率分别为 1 544 kbit/s、2 048 kbit/s、6 312 kbit/s、8 448 kbit/s、34 368 kbit/s 和 139 264 kbit/s。但我国规定仅使用其中的三种,即 C-12、C-3 和 C-4。

参与 SDH 复用的各种速率的业务信号都应该通过码速调整等适配技术,装进一个恰当的标准容器。已装载的标准容器又作为虚容器的信息净负荷。

② 虚容器(VC)

虚容器是用来支持 SDH 的通道层连接的信息结构,它是 SDH 通道的信息终端,其信息由容器的输出和通道开销(POH)组成,即 VC-n= C-n+VC-n POH。

③ 支路单元(TU)和支路单元组(TUG)

支路单元是提供低阶通道层和高阶通道层之间适配的信息结构,其信息 TU-n 由一个相应的低阶 VC-n 和一个相应的支路单元指针 TU-n PTR 组成,即 TU-n＝VC-n+TU-n PTR。一个或多个 TU 的集合称为支路单元组。

④ 管理单元(AU)和管理单元组(AUG)

管理单元是提供高阶通道层和复用层之间适配的信息结构。有 AU-3 和 AU-4 两种管理单元。其信息 AU-n 由一个相应的高阶 VC-n 和相应的管理单元指针 AU-n PTR 组成,即 AU-n＝VC-n+AU-n PTR(n＝3,4)。一个或多个 AU 的集合称为管理单元组。

(3) 我国采用的复用结构

由图 6-8 中可知,从一个有效信息净负荷到 STM-N 的复用路线不是唯一的,而对于一个国家或地区而言,其复用路线应该是唯一的。

我国光同步传输体制规定以 2 048 kbit/s 为基础的 PDH 系列作为 SDH 的有效负荷,并选用 AU-4 复用路线,其基本复用映射结构如图 6-9 所示。

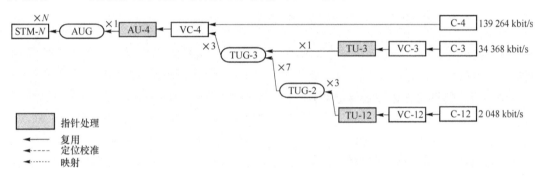

图 6-9 我国的 SDH 基本复用映射结构

采用图 6-9 中的映射结构主要是考虑到我国原有 PDH 网络中应用较多的是 2 048 kbit/s 和 139 264 kbit/s 支路接口,如需要也可提供 34 368 kbit/s 的支路接口。但是由于应用 34 368 kbit/s 时一个 STM-1 中只能容纳三个 34 368 kbit/s,不够经济,因此一般不建议采用 34 368 kbit/s 的复用线路。

6.3　码　分　复　用

码分复用(CDM)是靠不同的编码来区分各路原始信号的一种复用方式。所谓码分复用是指发送端信号占用相同的频带,在同一时间发送,不同的是各信号被分配了不同的特征码(地址码),在接收端通过对其特征码的识别来区分不同的信号。

6.3.1　码分复用原理

码分复用需要对各路信号使用不同的 PN 序列发生器,但 CDM 并不像一般频分复用(FDM)那样,由多路信号来分割使用总的信道带宽;又不像时分复用(TDM)那样,需要严格的时间同步,即由各路信号分割时间轴上的固定时隙。而是进入同一信道的多路信号,在各个分配时隙受控于 PN 序列,随机跳频来分配它们所用的射频载波,如图 6-10 所示。

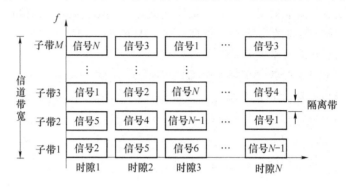

图 6-10　码分复用示意

在码分复用中,各路信号码元在频谱上和时间上都是混叠的,但是代表每个码元的码组是正交的。什么是码组的正交？设二进制码元用"+1"和"-1"表示。码组由等长的二进制码元组成,长度为 N,用 x 和 y 表示两个码组,即

$$x=(x_1,x_2,\cdots,x_i,\cdots,x_N)$$
$$y=(y_1,y_2,\cdots,y_i,\cdots,y_N)$$

其中,$x_i,y_i \in (+1,-1), i=1,2,\cdots,N$。

则将两个码组的互相关系数定义为

$$\rho(x,y)=\frac{1}{N}\sum_{i=1}^{N}x_iy_i \tag{6-1}$$

若 $\rho(x,y)=0$,则认为两码组正交。

假设有一码组($N=4$),它们分别表示如下：

$$s_1=(1,1,1,1) \quad s_2=(1,1,-1,-1)$$
$$s_3=(1,-1,-1,1) \quad s_4=(1,-1,1,-1) \tag{6-2}$$

按照式(6-1)计算,则任意两个码组的互相关系均等于 0,故这 4 个码组两两正交。

若将这 4 路正交码组作为载波,可构成 4 路码分复用系统。其工作原理如图 6-11 所示。图中,输入信号码元为 m_i($i=1,2,3,4$),其持续时间为 T,然后与载波 s_i($i=1,2,3,4$)相乘,再与其他各路已调信号合并(相加),形成码分复用信号。在接收端,多路信号分别和本路的载波相乘、积分、判决,就可以恢复(解调)出原发送信息码元。

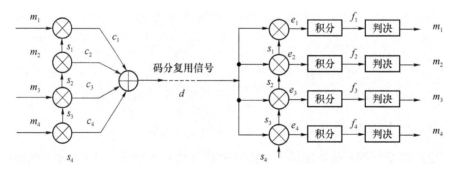

图 6-11　4 路码分复用原理框图

6.3.2 伪随机序列

可以预先确定并且可以重复实现的序列称为确定序列。既不能预先确定，又不能重复实现的序列称为随机序列。具有随机特性，类似随机序列的确定序列称为伪随机序列。伪随机序列又称伪噪声(PN)码或伪随机码。

m 序列是目前广泛应用的一种伪随机序列，这里主要讨论 m 序列的产生和它的特性。

1. m 序列的产生

m 序列是最长线性反馈移位寄存器序列的简称，它是由带线性反馈的移位寄存器产生的周期最长的一种序列。线性反馈移位寄存器的一般结构如图 6-12 所示。它由 n 级移位寄存器、若干模 2 加法器、线性反馈逻辑网络和移位时钟脉冲发生器(省略未画)组成。图中移位寄存器的状态用 $a_i (i=0,1,\cdots,n-1)$ 表示。c_i 表示反馈线的连接状态，相当于反馈系数。$c_i=1$ 表示此线接通，参与反馈逻辑运算；$c_i=0$ 表示此线断开，不参与运算，$c_0=c_n=1$。

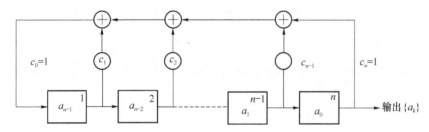

图 6-12 线性反馈移位寄存器

由于带有反馈，因此在移位脉冲作用下，移位寄存器各级的状态将不断变化，通常移位寄存器的最后一级做输出，输出序列为

$$\{a_k\} = a_0 a_1 \cdots a_{n-1} \cdots$$

设图 6-12 所示的线性反馈移位寄存器的初始状态为 $(a_0 a_1 \cdots a_{n-2} a_{n-1})$，经一次移位线性反馈，移位寄存器左端第一级的输入为

$$a_n = c_1 a_{n-1} + c_2 a_{n-2} + \cdots + c_{n-1} a_1 + c_n a_0 = \sum_{i=1}^{n} c_i a_{n-i}$$

若经 k 次移位，则第一级的输入为

$$a_1 = \sum_{i=1}^{n} c_i a_{1-i} \tag{6-3}$$

由此可见，移位寄存器第一级的输入，由反馈逻辑及移位寄存器的原状态所决定。式(6-3)称为递推关系式。

可以用多项式

$$f(x) = c_0 + c_1 x + \cdots + c_n x^n = \sum_{i=0}^{n} c_i x^i \tag{6-4}$$

来描述线性反馈移位寄存器的反馈连接状态。式(6-4)称为特征多项式或特征方程，其中 x^i 存在表明 $c_i=1$，否则 $c_i=0$，x 本身无实际意义。c_i 的取值决定了移位寄存器的反馈连接。由于 $c_0=c_n=1$，因此 $f(x)$ 是一常数项为 1 的 n 次多项式，n 为移位寄存器级数。

可以证明，一个 n 级线性反馈移位寄存器能产生 m 序列的充要条件是它的特征多项式为一个 n 次本原多项式。若一个 n 次多项式 $f(x)$ 满足下列条件：

(1) $f(x)$ 为既约多项式(即不能分解因式的多项式);

(2) $f(x)$ 可整除 (x^p+1),$p=2^n-1$;

(3) $f(x)$ 除不尽 (x^q+1),$q<p$。

则称 $f(x)$ 为本原多项式。以上为构成 m 序列提供了理论根据。

用线性反馈移位寄存器构成 m 序列发生器,关键是确定特征多项式 $f(x)$。现以 $n=3$ 为例来说明 m 序列发生器的构成。用 3 级线性反馈移位寄存器产生的 m 序列,其周期为 $p=2^3-1=7$,其特征多项式 $f(x)$ 是 3 次本原多项式,能整除 x^7+1。先将 (x^7+1) 分解因式,使各因式为既约多项式,再寻找 $f(x)$。

$x^7+1=(x+1)(x^3+x^2+1)(x^3+x+1)$,其中 3 次既约多项式有 2 个,因 (x^3+x^2+1) 和 (x^3+x+1) 能整除 x^7+1,故它是本原多项式。因此找到两个 3 次本原多项式 (x^3+x^2+1) 和 (x^3+x+1)。由其中任何一个都可产生 m 序列。用 (x^3+x^2+1) 构成的 m 序列发生器如图 6-13 所示。

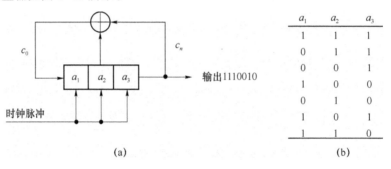

a_1	a_2	a_3
1	1	1
0	1	1
0	0	1
1	0	0
0	1	0
1	0	1
1	1	0

(a)　　　　　　　　　　　　(b)

图 6-13 3 级 m 序列发生器

设 3 级移位寄存器的初始状态为 111。输出序列 $\{a_k\}$ 为 1110010,它的周期为 7。

2. m 序列的特性

(1) 平衡特性(1 和 0 的数目基本相等)

在每一周期 $p=2^n-1$ 内,"0"出现 $2^{n-1}-1$ 次,"1"出现 2^{n-1} 次,"1"比"0"多出现一次。

(2) 游程特性

在每一周期内,共有 2^{n-1} 个游程,其中"0"和"1"的游程数目各占一半。而在一个周期内,长度为"1"的游程占 1/2;长度为 2 的游程占 1/4;长度为 3 的游程占 1/8。只有一个包含 n 个"1"的游程,也只有一个包含 $n-1$ 个"0"的游程。例如:$n=4$ 时,$p=2^n-1=15$ 位,构成的 m 序列为 111101011001000,游程分布情况由表 6-3 给出。一般来说,m 序列中长为 $K(1\leqslant K\leqslant n-2)$ 的游程数占游程总数的 $1/2^K$。

表 6-3 111101011001000 游程分布

游程长度/比特	游程数目		所包含的比特数
	"1"	"0"	
1	2	2	4
2	1	1	4
3	0	1	3
4	1	0	4
	游程总数 8		合计 15

（3）位移相加特性

m 序列 $\{a_k\}$ 与其位移序列 $\{a_{k-\tau}\}$ 的模 2 和仍是 m 序列的另一位移序列 $\{a_{k-\tau'}\}$，即

$$\{a_k\}\bigoplus\{a_{k-\tau}\}=\{a_{k-\tau'}\}$$

（4）自相关特性

m 序列的自相关函数由下式计算：

$$R(\tau)=\frac{A-D}{A+D}$$

式中 A 为"0"的位数，D 为"1"的位数。令 $P=A+D=2^n-1$，则

$$R(\tau)=\begin{cases}1 & \tau=0 \\ -\dfrac{1}{P} & \tau\neq0\end{cases}$$

设 $n=3$，$p=2^3-1=7$，τ 为位移量，则

$$R(\tau)=\begin{cases}1 & \tau=0 \\ -\dfrac{1}{7} & \tau\neq0\end{cases}$$

其自相关函数曲线如图 6-14 所示。

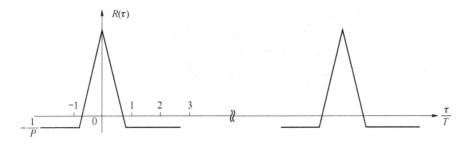

图 6-14　m 序列自相关函数曲线

由于 m 序列有很强的规律性及伪随机特性，因此在扩频通信及其他领域得到广泛的应用。

6.4　多址通信方式

通信系统是一个多信道同时工作的系统，一个信道只能容纳一个用户进行通话，许多同时通话的用户互相以信道来区分，这就是多址。

多址方式和信道复用有着共同的数学基础，即信号正交分割原理，也就是信道分割理论。它的原理是：使各个信号具有不同的特征，相当于赋予各信号不同的地址。然后根据各个信号之间特征的差异即不同的地址来区分不同的信号，实现互不干扰的通信。

当以传输信号的载波频率不同来区分信道建立多址连接时，称为频分多址（FDMA）；当以传输信号存在的时间不同来区分信道建立多址连接时，称为时分多址（TDMA）；当以传输信号的码型不同来区分信道建立多址连接时，称为码分多址（CDMA）。需要指出，和多址连接方式密切相关的还有一个信道分配问题。在信道分配技术中，"信道"一词在不同场

合有不同的含义。在 FDMA 中,是指各地球站占用转发器的频段;在 TDMA 中,是指各站占用的时隙;在 CDMA 中,是指各站使用的正交码组。下面介绍这 3 种多址方式。

6.4.1 频分多址方式

FDMA 是最早使用的一种多址接入方式,它目前仍在许多系统中应用,如卫星通信、移动通信、一点多址微波通信系统。

频分多址(FDMA)是以传输信号的载波频率不同来区分信道、建立多址接入的。它的基本原理是:将给定的频谱资源按频率划分,把传输频带划分为若干个较窄的且互不重叠的子频带,每个用户分配到一个固定的子频带,按频带区分用户。将信号调制到该子频带内,各用户信号同时传送。接收时分别按频带提取,从而实现多址通信。图 6-15 给出了 N 个信道的三维示意图。

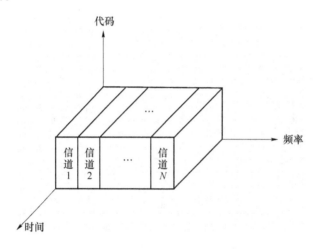

图 6-15　FDMA 示意图

由于实际的滤波器都达不到理想状态,各信号之间总是存在一定的相关性,干扰总是避免不了的,因此各信号之间必须要留有一定的保护频带以减少各信号之间的干扰。在模拟移动通信系统中,保护频带通常等于传输一路模拟话音所需的带宽,如 25 kHz 或 30 kHz。在单纯的 FDMA 系统中,通常采用频分双工(FDD)的方式来实现双工通信,即接收频率和发送频率是不同的,收发要有一定的间隔(保护频带)。例如,在 800 MHz 和 900 MHz 频段,收发频率的间隔通常为 45 MHz。此外,在用户频道之间设有保护频隙,以避免系统频率漂移造成频道间重叠。

模拟信号和数字信号都可采用 FDMA 方式传输,也可以由一组模拟信号用频分复用的方式(FDM/FDMA)或一组数字信号用时分复用方式占用一个较宽的频带,调制到相应的子频带后传送到同一地址(TDM/FDMA)。总的说来,FDMA 技术比较成熟,应用也比较广泛。

6.4.2 时分多址方式

在移动通信系统中时分多址应用越来越广泛,GSM、DAMPS 以及当前推出的数字集群通信系统都采用时分多址技术。

1. 时分多址原理

TDMA 是以时隙(时间间隔)来区分信道的。在信道上,把时间分割成周期性的帧,每一帧再分割成若干个时隙(无论帧或时隙都是互不重叠的),然后根据一定的时隙分配原则,将各数字用户信号送入指定的时隙中进行传输。在满足定时和同步的条件下,接收端分别在各指定的时隙中就能收到各个用户信号而不发生混扰,从而实现多址通信。

在 TDMA 方式中,不同用户在时间轴上按时隙严格分割,在频率轴上则是重叠的。此时,"信道"一词的含义为"时隙",如图 6-16 所示。

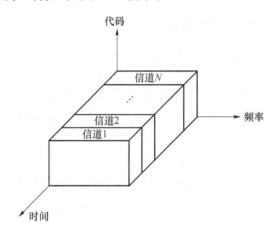

图 6-16　TDMA 示意图

在传输过程中,由于信道传输特性不理想及多径等因素的影响,可能破坏正交条件,形成码间串扰。因此通信中,除传输用户信息外,还需要一定的比特开销,以保证和提高传输质量。不同的系统所采用的时隙结构存在很大的差异,即使在同一个系统中,不同传输方向上的时隙结构也可能不尽相同。实际上,不可能规定一种通用的时隙格式来适应各种系统的需要。有的系统因为设置了专用的控制信道,使传输业务信息的时隙与传输控制信息的时隙可以分开;有的系统在每一时隙内均插入一定数量的同步信息,供比特同步用;也有的系统在一时隙前设置了一个同步码(时隙头),供时隙同步用。为了防止不同时隙的信号因为时延差不同而在相邻时隙发生交叠,通常在时隙末尾(或开头)设置一定的保护时间。有的系统还常常在各个时隙中包含有自适应均衡所需要的训练序列。两种典型的时隙结构如图 6-17 所示。

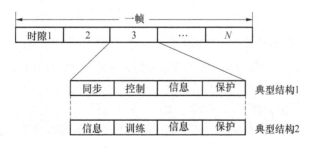

图 6-17　TDMA 时隙分配示意图

2. 时分多址通信系统中的同步和定时

时分多址方式只能传送数字信息,同步和定时是 TDMA 通信系统正常工作的前题。因为通信双方只允许在规定的时隙中发送信号和接收信号,因而系统必须在严格的帧同步、时隙同步和比特(位)同步的条件下进行工作。

TDMA 系统必须具有精确的同步,由基准站统一系统内各站的时钟,以保证各用户准确地按时隙提取各自所需的信号。为了便于接收端达到同步的要求,在每个时隙中还要传输同步序列。同步序列和训练序列可以分开传输,也可以合二为一。

6.4.3 码分多址方式

1. 码分多址的原理

码分多址(CDMA)是利用不同码序列来区分信道的。在 CDMA 方式中,不同用户传输信息所用的信号不是靠频率或时隙不同来区分的,而是靠各个不同的编码序列来区分的。如果从频域或时域来观察,多个 CDMA 信号是互相重叠的,如图 6-18 所示。所以,此时"信道"一词的含义为"码型"。

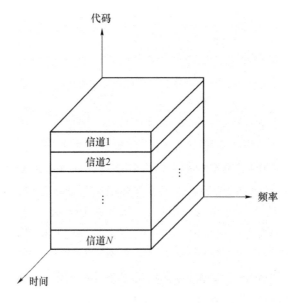

图 6-18 CDMA 示意图

在码分多址通信系统中,利用自相关性很强而互相关值很小的周期性码序列作为地址码,可使多址干扰降到最小。

CDMA 的基础是扩频技术。扩频技术最初主要用于抗干扰和保密性较强的军事通信和电子对抗等领域。目前,面对全球范围对移动通信和个人通信日益增长的需要,CDMA通信系统越来越显示出它独特的优越性。人们普遍认为,它将是今后无线通信中最主要的多址手段,应用范围已涉及数字蜂窝移动通信、卫星通信、微蜂窝系统、一点多址微波通信和无线接入网等领域。它是未来第三代移动通信的主要体制,窄带 CDMA 能满足话音和一般数据传输的要求,而宽带 CDMA 可满足多媒体通信的要求。同时它还是未来全球个人通信的一种主要多址方式。总之,CDMA 应用的范围十分广泛,将遍及无线通信的各个方面。

扩频技术有直接序列(DS)扩频技术、跳频(FH)扩频技术、线性调频(chirp)技术、跳时(TH)技术等基本类型。前两种系统用的较多,第三种主要用于雷达系统。此外,上述 4 种方法的某种组合,如 DS/FH、DS/TH、FH/TH 及 DS/TH/FH 等混合系统也常被采用。下面主要介绍使用最普遍的 DS 和 FH 两种系统的基本原理和关键技术。

2. 扩频码分多址原理

所谓扩频通信,是指用来传输信息的信号带宽远远大于信息本身带宽的一种通信方式。扩频通信属于宽带通信,系统带宽一般为信息带宽的 100~1 000 倍。扩频码用正交码或准正交码作地址码即可实现码分多址。

CDMA/DS 系统是目前应用最多的一种码分多址方式。对数字系统而言,可采用如图 6-19(a)所示方案。在发送端,原始信号(信码)与 PN 码进行模 2 加,然后对载波进行PSK 调制。由于 PN 码速率远大于信码速率,故形成的 PSK 信号频谱被展宽。已调信号在发射机中经上变频后发射出去。在接收端,先用与发送端码型相同、严格同步的 PN 码和本振信号与接收信号进行混频和解扩,就得到窄带的仅受信码调制的中频信号。经中放、滤波后可进入普通的 PSK 信号解调器恢复原信码。上述过程用图解法示于 6-19(b)。可以看出,只要收发两端 PN 序列码结构相同并同步,就可正确恢复原始信号。

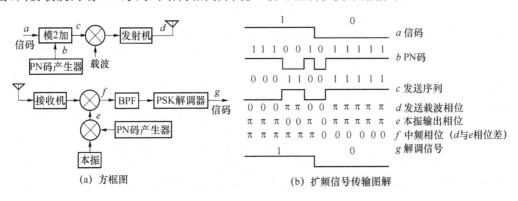

图 6-19　CDMA/DS 系统

图 6-20 示出了有用信号和干扰信号在频域中的频谱变换示意图,图 6-20(a)表示只有信息信号调制时的功率谱曲线。图中 f_c 为载波频率,R_i 为信息速率,PSK 已调信号带宽为 $2R_i$。图 6-20(b)表示用一个码速率为 R_c 的伪码序列对窄带信号进行 PSK 调制时的情况。当选择 $R_c \gg R_i$ 时,便得到一个带宽为 $2R_c$ 的已调信号。这时信号能量几乎均匀地分散在很宽的频带内,从而大大降低了传输信号的功率谱密度。图 6-20(c)表示,若信道中存在一个强干扰信号,功率谱会远大于有用信号功率谱。图 6-20(d)表示在接收端通过解扩处理,使有用信号能量重新集中起来,可形成最大输出。解扩就是扩频的反变换,通常用与发送端调制器(乘法器)相同的电路作为解调器,用与发送端相同的本地伪码序列对收到的扩频信号再一次进行 PSK,使之恢复成与发送端 PSK 之前相同的原始已调信号。这样,扩频信号被解扩压缩和还原成窄带信号,再经过与原始已调信号带宽相同的窄带滤波器(BPF)滤波,便得到如图 6-20(e)所示的信号。经解调器解调,便复原出原始的信息信号。对于收到的干扰和其他地址码的信号,因与接收端的 PN 码不相关,非但不能解扩,反而会被扩展,使功

率谱密度大大降低。对解调器来讲,经窄带滤波后的部分表现为噪声,使输出信号的信噪比大为提高。

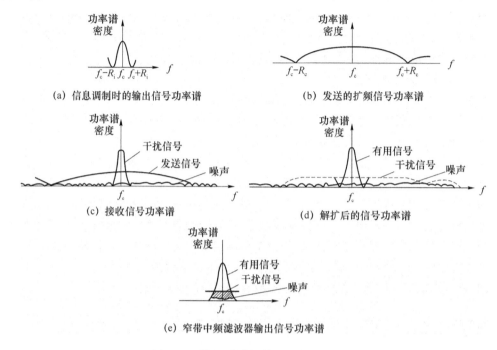

(a) 信息调制时的输出信号功率谱 (b) 发送的扩频信号功率谱

(c) 接收信号功率谱 (d) 解扩后的信号功率谱

(e) 窄带中频滤波器输出信号功率谱

图 6-20　扩频系统频谱变换关系示意图

图 6-20 用频谱图形较直观地描述了扩频接收机对干扰的抑制特性。可以看出,干扰(和噪声)信号经解扩处理后,功率谱近似均匀分布,因此可以用带宽比近似估算系统的处理增益,即

$$G_P = \frac{B_c}{B_m} = \frac{B_c}{R_i}$$

式中,B_c 为已扩展信号的射频带宽,R_i 为信息速率,B_m 为原始(基带)信号带宽。

3. 跳频码分多址原理

CDMA/FH 与 CDMA/DS 的主要差别是发射频谱的产生方式不同,如图 6-21 所示。在发送端,利用 PN 码去控制频率合成器,使之在一个宽范围内的规定频率上伪随机地跳动,然后再与信码调制过的中频混频,从而达到扩展频谱的目的。跳频图案和跳频速率分别由 PN 序列及其速率决定。在接收端,本地 PN 码发生器提供一个与发送端相同的 PN 码,驱动本地频率合成器产生同样规律的频率跳变,和接收信号混频后获得固定中频的已调信号,通过解调还原出原始信号。跳频系统的处理增益 G_P 等于频率点数 N。

跳频系统具有良好的远近效应特性,因此广泛应用于军用战术移动通信。图 6-22 为描述远近效应的示意图。图中 T_1、T_2 代表两部发射机,R_1、R_2 代表两部接收机。当两条线路同时工作时,接收机 R_1 接收发射机 T_1 所发信号的同时,受到近处发射机 T_2 的强干扰。由于 T_2 距 R_1 近,R_1 收到的有用信号比干扰信号小得多,若只靠扩展频谱的处理增益,尚不足以克服干扰的影响。因此,希望两部发射机的发射频率或发射时间错开。FH、TH 及 TH/FH 等系统可以实现频率和时间错开的要求,因而较好地解决了远近效应问题,容许多个电台同时工作。而直接序列系统远近特性不好,在移动通信中须采用特殊措施解决这个问题。

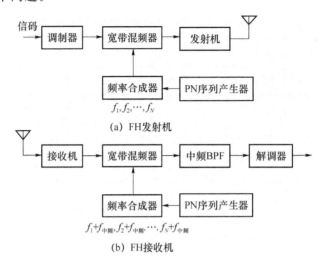

(a) FH发射机

(b) FH接收机

图 6-21　CDMA/FH 系统框图

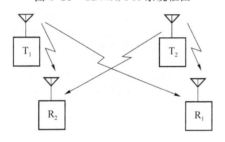

图 6-22　远近效应示意图

小　结

　　多址方式与多路复用都是为研究和解决信道共享问题,以实现经济传输。信道复用是一种实现多路通信的方式。原 CCITT 已建议了两种不同的时分复用的 PCM-TDM传输制式,一种是 30/32 路制式,另一种是 24 路制式,这两种制式是数字传输系统系列的基础。我国采用的是以 2 048 kbit/s 为基群的 PCM30/32 路数字速率系列(A 律 13 折线压缩特性),其优点是数字复接性能好,集中式帧定位的搜索捕捉性能好,而且它与数字交换用的帧结构是统一的,便于向数字传输与数字交换统一化方向发展。

　　北美和日本等国采用以 1 544 kbit/s 为基群的数字速率系列,这种系列的帧同步码和复帧同步码是分散在各帧中的。

　　两种不同的时分复用 PCM-TDM 传输制式,是准同步数字系列(PDH),在向更高速率发展中暴露了很大的局限性。为此,提出了基本速率为 155.52 Mbit/s 的同步数字系列,它可将数字通信系列的各低次群都收容到第一级同步传送模块 STM-1,统一了世界上不同系列速率等级,大大便利了国际通信网的互连,也便于向更高速率发展。SDH 适应各种通信新业务,大幅度提高了网络运营管理水平和经济效益。

　　多址方式是使各个信号具有不同的特性,即相当于赋予各信号不同的地址。根据各个信号之间特性的差异即不同的地址来区分不同的信号,实现互不干扰的通信。

思 考 题

1. 什么是时分复用? 它与频分复用的区别是什么?

2. 在 30/32 路 PCM 基群的帧结构图中,着重说明 TS_0 时隙和 TS_{16} 时隙的结构。

3. 在 FDMA、TDMA、CDMA 3 种多址方式中,"信道"一词的含义分别是什么?

4. 准同步数字系统(PDH)在电信网的发展中存在什么问题?

5. 同步数字系统(SDH)的特点是什么?

6. 为什么 PDH 系统中,从 140 Mbit/s 码流中不能一次分插出 2 Mbit/s 支路信号。

第7章

同 步 技 术

同步在数字通信中具有相当重要的作用。所谓同步,就是使收、发两端的信号在时间上步调一致。本章将介绍几种主要同步技术的基本原理和实现方法。

7.1 引 言

同步在通信系统中占有十分重要的地位。一个通信系统能否有效而可靠地工作,在很大程度上取决于同步系统是否良好。所以同步系统的性能好坏将直接影响通信质量的高低,直至影响通信能否正常进行。

7.1.1 同步的分类

按同步的功能来区分,同步可分为载波同步、位同步(码元同步)、群同步(帧同步)和网同步(通信网络中使用)4 种。

1. 载波同步

数字调制系统的性能是由解调方式决定的。在相干解调中,首先要在接收端恢复出相干载波,这个相干载波应与发送端的载波在频率上同频,在相位上保持某种同步关系。在接收端获取这个相干载波的过程称为载波提取(或载波同步)。载波同步是实现相干解调的先决条件。

2. 位同步(码元同步)

位同步又称码元同步。不管是基带传输,还是频带传输(相干或非相干解调),都需要位同步。因为在数字通信系统中,消息是由一连串码元传递的,这些码元通常均具有相同的持续时间。由于传输信道的不理想,以一定速率传输到接收端的基带数字信号,必然是混有噪声和干扰的失真了的波形。为了从该波形中恢复出原始的基带数字信号,必须对它进行取样判决。因此,要在接收端产生一个"码元定时脉冲序列",这个码元定时序列的重复频率和相位(位置)必须与接收码元一致,才能保证:① 接收端的定时脉冲重复频率和发送端的码元速率相同;② 取样判决时刻对准最佳取样判决位置。这个码元定时脉冲序列称为码元同步脉冲或位同步脉冲。

位同步脉冲与接收码元的重复频率和相位的一致称为码元同步或位同步,而位同步脉冲的取得称为位同步提取。

3. 群同步(帧同步)

群同步也称帧同步。对于数字信号传输来讲,数字信号是按一定数据格式传送的,一定数目的信息流总是用若干码元组成一个"字",又用若干"字"组成一"句",再用若干"句"组成一帧,从而形成群的数字信号序列。在接收端要正确地恢复消息,就必须识别句或帧的起始时刻。在数字时分多路通信系统中,各路信码都安排在指定的时隙内传送,形成一定的帧结构。在接收端为了正确地分离各路信号,先要识别出每帧的起始时刻,从而找出各路时隙的位置。也就是说,接收端必须产生与字、句和帧起止时间相一致的定时信号。获得这些定时序列称为帧(字、句、群)同步。

4. 网同步

当通信是在两点之间进行时,完成了载波同步、位同步和群同步之后,接收端不仅获得了相干载波,而且通信双方的时标关系也解决了。这时,接收端就能以较低的错误概率恢复出数字信息。然而,随着数字通信的发展,特别是计算机通信的发展,多个用户相互通信而组成了数字通信网。显然。为了保证通信网内各用户之间可靠地进行数据交换,还必须实现网同步,使得在整个通信网内有一个统一的时间节拍标准。

7.1.2 同步信号的获取方式

同步也是一种信息,按照传输同步信息方式的不同,可分为外同步法和自同步法。

1. 外同步法

由发送端发送专门的同步信息,接收端把这个专门的同步信息检测出来作为同步信号的方法,称为外同步法。

2. 自同步法

发送端不发送专门的同步信息,接收端设法从收到的信号中提取同步信息的方法,称为自同步法。

由于外同步法需要传输独立的同步信号,因此,要付出额外的功率和频带。在实际应用中,两者都采用。在载波同步中,采用两种同步法,但自同步法用得较多;在位同步中,大多采用自同步法,外同步法也采用;在群同步中,一般都采用外同步法。

3. 同步的技术指标

同步系统性能的降低,会直接导致通信质量的降低,甚至使通信系统不能工作。可以说,在同步通信系统中,"同步"是进行信息传输的前提。同步技术的优劣,主要由以下4项指标来衡量,好的同步技术应具备以下几点:

① 同步误差小;

② 相位抖动小;

③ 同步建立时间短;

④ 同步保持时间长。

因此,在通信同步系统中,要求同步信息传输的可靠性高于信号传输的可靠性。

7.2 载波同步技术

提取载波的方法一般分为两种:一种是在发送有用信号的同时,在适当的频率位置上,插入一个(或多个)称为导频的正弦波,接收端就由导频提取载波,这种方法称为插入导频法(外同步法);另一种是不专门发送导频,而在接收端直接从发送信号中提取载波,这种方法称为直接法(自同步法)。

7.2.1　插入导频法(外同步法)

抑制载波的双边带信号(DSB)、二相数字相位调制信号(2PSK)本身不含有载波,这些信号的同步载波提取,可以用直接法(自同步法),也可以用插入导频法(外同步法);残留边带信号(VSB)虽然一般都含有载波分量,但不易取出,可以用插入导频法提取载波;单边带信号(SSB)既没有载波又不能用直接法提取载波,只能用插入导频法提取载波。

插入导频的传输方法有多种,基本原理相似。这里仅讨论在抑制载波的双边带信号和残留边带信号中插入导频的方法。

1.　在抑制载波的双边带信号中插入导频

插入导频的位置应该在信号频谱为零的位置,否则导频与信号频谱成分重叠在一起,接收时不易取出。对于模拟调制的信号,如双边带话音和单边带话音等信号,在载波 f_c 附近信号频谱为 0,可直接插入导频;但对于 2PSK 和 2DPSK 等数字调制信号,在 f_c 附近频谱不但有,而且比较大,因此对于这样的数字信号,在调制以前先对基带信号 $x(t)$ 进行相关编码,相关编码的作用是把如图 7-1(a)所示的基带信号频谱函数变为如图 7-1(b)所示的频谱函数,这样经过双边带调制以后可以得到图 7-1(c)所示的频谱函数。

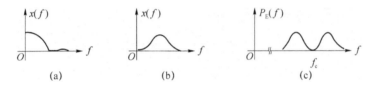

图 7-1　几种信号的正频域频谱图

从图 7-1 所示的频谱图可以看出,在载频处,已调信号的频谱分量为零,载频附近的频谱分量也很小且没有离散谱,这样就便于插入导频以及解调时易于滤出它。插入的导频并不是加在调制器的那个载波,而是将该载波移相 90°后的所谓"正交载波",如图 7-2 所示。这样,就可组成插入导频的发端方框图,如图 7-3 所示。

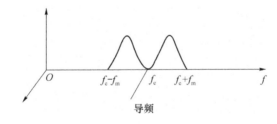

图 7-2　抑制载波双边带信号的导频插入

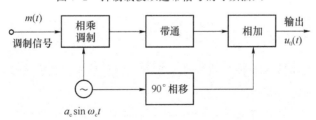

图 7-3　插入导频法发端方框图

设基带信号为 $m(t)$，且 $m(t)$ 中无直流分量，被调载波为 $a_c \sin \omega_c t$。调制器假设为一乘法器，插入导频是被调载波移相 $90°$ 形成的，为 $-a_c \cos \omega_c t$。其中，a_c 是插入导频的振幅。于是输出信号为

$$u_0(t) = a_c m(t) \sin \omega_c t - a_c \cos \omega_c t$$

设收端收到的信号与发端输出信号相同，则收端用一个中心频率为 f_c 的窄带滤波器就可取得导频 $-a_c \cos \omega_c t$，再将它移相 $\pi/2$，就可得到与调制载波同频同相的信号 $\sin \omega_c t$，收端的方框图如图 7-4 所示。

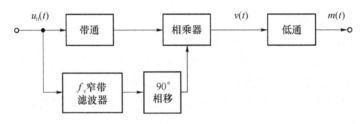

图 7-4　插入导频法收端方框图

图中乘法器的输出

$$v(t) = u_0(t) \sin \omega_c(t)$$
$$= a_c m(t) \sin^2 \omega_c t - a_c \sin \omega_c t \cos \omega_c t$$
$$= \frac{a_c}{2} m(t) - \frac{a_c}{2} m(t) \cos 2\omega_c t - \frac{a_c}{2} \sin 2\omega_c t \qquad (7\text{-}1)$$

若方框图中低通滤波器的截止频率为 f_m，$v(t)$ 经低通滤波器后，就可以恢复出调制信号 $m(t)$。

前面提到，插入的导频应为正交载波而不是同相载波，这是什么原因呢？现在再看加入同相载波时的解调结果。加入同相载波后，发端输出信号为

$$u_0(t) = a_c m(t) \sin \omega_c t + a_c \sin \omega_c t$$

收端乘法器输出 $v(t)$ 为

$$v(t) = u_0(t) \sin \omega_c(t)$$
$$= [a_c m(t) \sin \omega_c t + a_c \sin \omega_c t] \sin \omega_c t$$
$$= \frac{a_c}{2} m(t) - \frac{a_c}{2} m(t) \cos 2\omega_c t + \frac{a_c}{2} - \frac{a_c}{2} \cos 2\omega_c t$$

经低通滤波器后输出为 $\frac{a_c}{2} m(t) + \frac{a_c}{2}$。用这个结果和式(7-1)经低通滤波器后的结果比较，可以看出加入导频为同相载波时，在收端解调后除得到 $m(t)$ 外，还有直流分量 $\frac{a_c}{2}$，这个直流分量将通过低通滤波器对数字信号产生影响，对解调后的抽样判决来说是一种干扰，这就是发端导频正交插入的原因。

二进制数字调相信号就是抑制载波的双边带信号。所以，上述插入导频法完全适用。对于单边带调制信号，导频插入的原理与上面讨论的一样。

2. 在残留边带信号中插入导频

（1）残留边带频谱的特点

以下边带为例，残留边带滤波器应具有如图 7-5 所示的传输特性。f_c 为载频，从 $(f_c - f_m)$ 到 f_c 的下边带频谱绝大部分可以通过，而上边带信号的频谱只有从 f_c 到 $(f_c + f_r)$ 小部分通过。这样，当基带信号为数字信号时，残留边带信号的频谱中包含有载频分量 f_c，而且 f_c 附近都有频谱。因此插入导频不能位于 f_c。

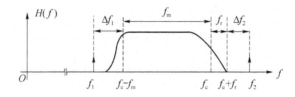

图 7-5　残留边带频谱及插入导频

（2）插入导频 f_1、f_2 的选择

可以在残留边带频谱的两侧插入 f_1 和 f_2。f_1 和 f_2 不能与 $(f_c - f_m)$ 和 $(f_c + f_r)$ 靠得太近，太近不易滤出 f_1 和 f_2，但也不能太远，太远占用过多频带。

假设

$$f_1 = (f_c - f_m) - \Delta f_1$$
$$f_2 = (f_c + f_r) + \Delta f_2$$

其中 f_r 是残留带宽，即滤波器滚降部分占用带宽的一半，而 f_m 为基带信号的最高频率。

（3）载波信号的提取

在插入导频的 VSB 信号中，提取载波的方框图如图 7-6 所示。接收的信号中包含有 VSB 信号和 f_1、f_2 两个导频。假设接收信号中两个导频是

$$\begin{cases} \cos(\omega_1 t + \theta_1) & \theta_1 \text{ 为第一个导频的初相} \\ \cos(\omega_2 t + \theta_2) & \theta_2 \text{ 为第二个导频的初相} \end{cases}$$

发送端的载波为 $\cos(\omega_c t + \theta_c)$，则接收端提取的同步载波也应该是 $\cos(\omega_c t + \theta_c)$。

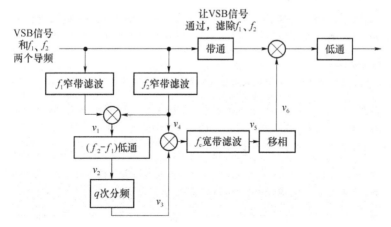

图 7-6　插入导频的 VSB 信号的载波提取

从图 7-6 可以看出,上面的带通滤波器仅让 VSB 信号通过,而 f_1 和 f_2 被滤除,下面的两个窄带滤波器恰好让 f_1 和 f_2 分别通过,将 f_1 和 f_2 相乘后,得到一个频率成分较复杂的信号 v_1:

$$v_1 = \cos(\omega_1 t + \theta_1) \cdot \cos(\omega_2 t + \theta_2)$$

将这一信号再经过一个 $(f_2 - f_1)$ 的低通滤波器,得到仅含有 $(f_2 - f_1)$ 的信号 v_2:

$$v_2 = \frac{1}{2}\cos[(\omega_2 - \omega_1)t + \theta_2 - \theta_1]$$

$$= \frac{1}{2}\cos[2\pi(f_r + \Delta f_2 + f_m + \Delta f_1)t + \theta_2 - \theta_1]$$

$$= \frac{1}{2}\cos\left[2\pi(f_r + \Delta f_2)\left(1 + \frac{f_m + \Delta f_1}{f_r + \Delta f_2}\right)t + \theta_2 - \theta_1\right] \tag{7-2}$$

令 $1 + \dfrac{f_m + \Delta f_1}{f_r + \Delta f_2} = q$,则式(7-2)可写为

$$\frac{1}{2}\cos[2\pi(f_r + \Delta f_2)qt + \theta_2 - \theta_1]$$

经 q 次分频后,得

$$v_3 = \cos[2\pi(f_r + \Delta f_2)t + \theta_q] \tag{7-3}$$

式(7-3)中的 θ_q 为分频输出的初始相位,它是一个常数。将式(7-3)与 $v_4 = \cos(\omega_2 t + \theta_2)$ 相乘,取差频,再通过中心频率为 f_c 的窄带滤波器,就可得

$$v_5 = \frac{1}{2}a\cos(\omega_c t + \theta_2 - \theta_q) \tag{7-4}$$

应该提取的载波信号为 $\cos(\omega_c t + \theta_c)$,其中的 θ_c 是相干载波所要求的初始相位。与式(7-4)比较,因 θ_2、θ_c 和 θ_q 都是固定值,故将 v_5 点信号再经过移相电路,消除固定相移 $[\theta_c - (\theta_2 - \theta_q)]$,就可获得所需的相干载波

$$v_6 = \frac{a}{2}\cos(\omega_c t + \theta_c)$$

由分频次数 q 的表达式看出,可以通过调整 Δf_1 和 Δf_2 得到整数的 q。增大 Δf_1 或 Δf_2,有利于减小信号频谱对导频的干扰,然而,所需信道的频带却要加宽。因此,应根据实际情况正确选择 Δf_1 和 Δf_2。

3. 时域插入导频法

除了在频域插入导频的方法外,还有一种在时域插入导频以传送和提取同步载波的方法。时域插入导频法中,对被传输的数据信号和导频信号在时间上应加以区别。例如,按图 7-7(a)那样分配,把一定数目的数字信号分做一组,称为一帧。在每一帧中,除有一定数目的数字信号外,在 $t_0 \sim t_1$ 的时隙中传送位同步信号,在 $t_1 \sim t_2$ 的时隙内传送帧同步信号,在 $t_2 \sim t_3$ 的时隙内传送载波同步信号,而在 $t_3 \sim t_4$ 的时隙内才传送数字信息,以后各帧都如此。这种时域插入导频只是在每帧的一小段时间内才有载频标准,其余时间是没有载频标准的。在接收端,用相应的控制信号将载频标准取出来以形成解调用的同步载波。但是由于发送端发送的载频标准是不连续的,在一帧内只有很少一部分时间存在,因此如果用窄带滤波器取出这个间断的载波是不能应用的。对于这种时域插入导频方式,载波提取往往采

用锁相环路,其方框图如图 7-7(b)所示。

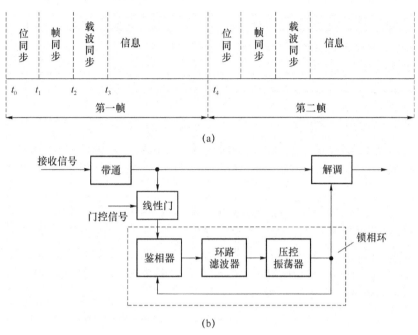

(a)

(b)

图 7-7　时域插入导频法

7.2.2　直接法(自同步法)

直接法又可分为非线性变换-滤波法和特殊锁相环法。

1. 非线性变换-滤波法

有些信号不含有载波分量,但如果采用非线性变换-滤波法,首先对接收到的已调信号进行非线性处理,就可得到相应的载频分量。然后,再用窄带滤波器或锁相环进行滤波,滤除调制谱与噪声引入的干扰,提取载频分量。

此法适合于抑制载波的双边带信号。如图 7-8 所示的是平方变换法提取同步载波成分的方框图。假设输入信号是 2PSK 信号,其已调信号为 $x(t)\cos\omega_c t$,经过平方律部件以后输出 $e(t)$ 为

$$e(t) = [x(t)\cos\omega_c t]^2 = \frac{1}{2}x^2(t) + \frac{1}{2}x^2(t)\cos 2\omega_c t$$

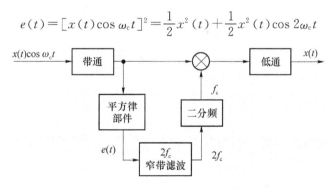

图 7-8　平方变换法提取同步载波

上式的第二项 $\frac{1}{2}\cos 2\omega_c t$ 中含有二倍频 $2\omega_c$ 成分,经过中心频率为 $2f_c$ 的窄滤波器后就可取出 $2f_c$ 的频率成分,这就是对已调信号进行非线性变换的结果。实际上,对于 2PSK 信号,$x(t)$ 是双极性矩形脉冲,设 $x(t) = \pm 1$,则 $x^2(t) = 1$。这样已调信号 $x(t)\cos \omega_c t$ 经过非线性变换(平方律部件)后得

$$e(t) = \frac{1}{2} + \frac{1}{2}\cos 2\omega_c t$$

由此可知,从 $e(t)$ 中很容易通过窄带滤波器取出 $2f_c$ 频率成分,再经过一个二分频器就可得到 f_c 的频率成分,这就是所需要的同步载波。如果二分频电路处理不当,将会使 f_c 信号倒相,造成的结果就是"相位模糊",即"反向工作"。对 2DPSK 则不存在相位模糊的问题。

为了改善平方变换法的性能,使恢复的相干载波更为纯净,常常在非线性处理之后加入锁相环。具体做法是在平方变换法的基础上,把窄带滤波器改为锁相环,其原理方框图如图 7-9 所示,这样实现的载波同步信号的提取就是平方环法。由于锁相环具有良好的跟踪、窄宽滤波和记忆功能,平方环法比一般平方变换法具有更好的性能。因此,平方环法提取载波得到了广泛的应用。

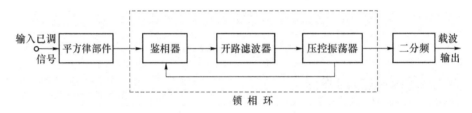

图 7-9 平方环法提取同步载波

2. 同相正交环(科斯塔斯环)法

用直接法提取载波分量的另一途径是采用特殊的锁相环,这种特殊锁相环具有从已调信号中消除调制和滤除噪声的功能,所以能鉴别接收已调信号中被抑制了的载波分量与本地 VCO 输出信号之间的相位误差,从而恢复出相应的相干载波。同相正交环法是特殊锁相环法中常用的一种。此外常采用的特殊环路还有逆调制环、判决反馈环和基带数字处理载波跟踪环等。

科斯塔斯环原理如图 7-10 所示。这种环路中,压控振荡器提供两路相互正交的载波,与输入的二相 PSK 信号分别在同相和正交两个鉴相器中进行鉴相,经低通滤波器后得到 v_5 和 v_6,再送到一个乘法器相乘,去掉 v_5 和 v_6 中的数字信号,得到反映 VCO 与输入载波相位之差的误差控制信号 v_7。

假设环路已锁定,若不考虑噪声,则环路的输入信号为

$$x(t)\cos \omega_c t$$

同相与正交两鉴相器的本地参考信号分别为

$$\begin{cases} v_1 = \cos(\omega_c t + \theta) \\ v_2 = \cos(\omega_c t + \theta - 90°) = \sin(\omega_c t + \theta) \end{cases}$$

那么输入信号与 v_1、v_2 相乘后得

$$\begin{cases} v_3 = x(t)\cos\omega_c t\cos(\omega_c t+\theta) = \dfrac{1}{2}x(t)\big[\cos\theta + \cos(2\omega_c t+\theta)\big] \\[2mm] v_4 = x(t)\cos\omega_c t\sin(\omega_c t+\theta) = \dfrac{1}{2}x(t)\big[\sin\theta + \sin(2\omega_c t+\theta)\big] \end{cases}$$

经过低通滤波器后分别得

$$\begin{cases} v_5 = \dfrac{1}{2}x(t)\cos\theta \\[2mm] v_6 = \dfrac{1}{2}x(t)\sin\theta \end{cases}$$

v_5、v_6 经过乘法器并考虑到 θ 较小后得

$$v_7 = v_5 \cdot v_6 = \frac{1}{4}x^2(t)\sin\theta\cos\theta = \frac{1}{8}x^2(t)\sin 2\theta$$

$$\approx \frac{1}{8}x^2(t)\cdot 2\theta = \frac{1}{4}x^2(t)\cdot\theta$$

式中 v_7 的大小与相位误差 θ 成正比,它相当于一个一般鉴相器的输出。通过环路滤波器后就可以去控制压控振荡器的输出相位,使之与输入信号的载频同步。所以,同步后的压控振荡器输出 $v_1 = \cos(\omega_c t+\theta)$ 便是所需提取的相干载波。当然锁相环是有一定稳态相位误差的,这可通过移相来达到完全的同相。

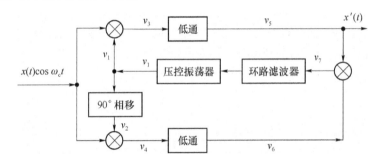

图 7-10　同相正交环法(科斯塔斯环)

同相正交环有以下两个主要优点。

(1) 环路中用于鉴相的两个乘法器的工作频率比平方环低一倍。平方环产生的频率是 $2f_c$,而同相正交环的频率是 f_c,因此平方环工作在 $2f_c$,同相正交环工作在 f_c。在高速率和高中频的情况下,同相正交环比平方环容易制作,并且不需要平方环路。

(2) 当环路锁定后,同相支路输出的 $v_5 \approx \dfrac{1}{2}x(t)$ 就是解调所要得到的数字信号,可以将它直接送去抽样判决。因此,同相支路的乘法器兼有提取载波和相干解调的两种功能。

科斯塔斯环的缺点是电路较复杂以及存在着相位模糊问题。

7.2.3　载波同步系统的性能指标

载波同步系统的主要性能指标是高效率、高精度。高效率是为了获得载波信号而尽量少消耗发送功率。用直接法提取载波时,发端不专门发送导频,因而效率高;而用插入导频法时,由于插入导频要消耗一部分功率,因而系统的效率降低。高精度是提取出的载波应是相位尽量精确的相干载波,也就是相位误差应该尽量小。如需要的同步载波为 $\cos\omega_c t$,提取

的同步载波为 $\cos(\omega_c t + \varphi)$，$\varphi$ 就是相位误差。

相位误差通常由稳态相差和随机相差组成。稳态相差主要是指载波信号通过同步信号提取电路以后，在稳态下所引起的相差；随机相差是由于随机噪声的影响而引起同步信号的相位误差。

载波同步系统的性能除了高效率、高精度外，还要求同步建立时间快、保持时间长等。

7.3 位同步技术

在数字通信系统中，发端按照确定的时间顺序，逐个传输数码脉冲序列中的每个码元，在接收端必须有准确的抽样判决时刻才能正确判决所发送的码元。因此，接收端必须提供一个确定抽样判决时刻的定时脉冲序列。这个定时脉冲序列的重复频率和相位必须与发送的数码脉冲序列一致，把在接收端产生与接收码元的重复频率和相位一致的定时脉冲序列的过程称为码元同步，或称位同步。

位同步是数字通信中非常重要的一个同步技术。位同步与载波同步是截然不同的两种同步方式。在模拟通信中，没有位同步，只有载波同步，而且只有接收机采用同步解调时才有载波同步的问题。但在数字通信中，一般都有位同步的问题。

载波同步信号一般要从频带信号中提取，而位同步信号一般可以在解调后的基带信号中提取。只有在特殊情况下才直接从频带信号中提取。

同步方法也有插入导频法（外同步法）和直接法（自同步法）两种。直接法也有滤波法和锁相法。

7.3.1 插入导频法（外同步法）

1. 在基带信号频谱的零点插入导频

在无线通信中，数字基带信号一般都采用不归零的矩形脉冲，并以此对高频载波作各种调制。解调后得到的也是不归零的矩形脉冲，码元速率为 f_s，码元宽度为 T_s，这种信号的功率谱在 f_s 处为零。双极性码的功率谱密度如图 7-11(a)所示，此时可以在 f_s 处插入位定时导频。

如果将基带信号先进行相关编码，经相关编码后的功率谱密度如图 7-11(b)所示，此时可在 $\frac{f_s}{2}$ 处插入位定时导频，接收端取出 $\frac{f_s}{2}$ 以后，经过二倍频得到 f_s。

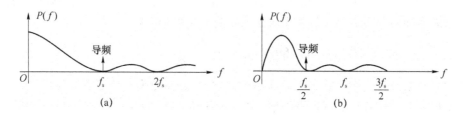

图 7-11 基带信号的功率谱密度特性

发端插入位定时导频和收端提取定时导频的方框图如图 7-12 所示。采用导频法时,为了不影响接收端对数码的判决,在判决前应抑制掉导频信号。在接收端采取的方法如图 7-12(b) 所示。从图中可以看出,窄带滤波器取出的导频 $\frac{f_s}{2}$ 经过移相和倒相后,再经过相加器把基带数字信号中的导频成分抵消,由窄带滤波器取出导频 $\frac{f_s}{2}$ 的另一路经过移相和放大限幅、微分全波整流、整形等电路,产生位定时脉冲,微分全波整流电路起到了倍频器的作用。因此,虽然导频是 $\frac{f_s}{2}$,但定时脉冲的重复频率变为与码元速率相同的 f_s。图中两个移相器都是用来消除窄带滤波器等引起的相移,这两个移相器可以合用。

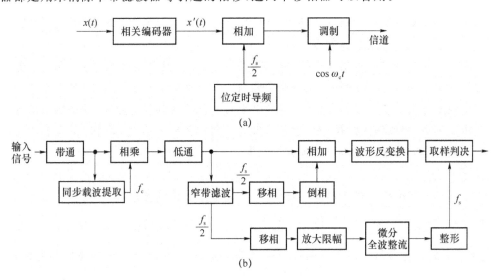

图 7-12 位定时导频插入法方框图

2. 包络调制法

插入导频法的另一种形式是使数字信号的包络按位同步信号的某种波形变化。在移相键控或移频键控的通信系统中,对已调信号进行附加的幅度调制后,接收端只要进行包络检波,就可以形成位同步信号。

设移相信号的表示式为

$$s_1(t) = \cos[\omega_c t + \varphi(t)]$$

现在用某种波形的位同步信号对 $s_1(t)$ 进行幅度调制。若这种波形为升余弦波形,则其表示式为

$$m(t) = \frac{1}{2}(1 + \cos \Omega t)$$

式中的 $\Omega = \frac{2\pi}{T_s}$, T_s 为码元宽度。幅度调制后的信号为

$$s_2(t) = \frac{1}{2}(1 + \cos \Omega t)\cos[\omega_c t + \varphi(t)]$$

$s_2(t)$ 可称为调幅调相波。

接收端对 $s_2(t)$ 进行包络检波,包络检波器的输出为 $\frac{1}{2}(1+\cos\Omega t)$,除去直流分量后,就可获得位同步信号 $\frac{1}{2}\cos\Omega t$。

3. 时域插入法

事实上,同步信号也可以在时域内插入。这时载波同步信号、位同步信号和数据信号分别被配置在不同的时间内传送。接收端用锁相环电路提取出同步信号并保持它,就可以对继之而来的数据进行解调,原理如图 7-7 所示。

7.3.2 自同步法

这一类方法是发端不专门发送导频信号,而直接从数字信号中提取位同步信号的方法。这是数字通信中经常采用的一种方法。

自同步法的收端位同步提取电路,从功能上讲,一般由两部分组成:第一部分是非线性变换处理电路,它的作用是使接收信号或解调后的数字基带信号经过非线性变换处理后含有位同步频率分量或位同步信息;第二部分是窄带滤波器或锁相环路,它的作用是滤除噪声和其他频谱分量,提取纯净的位同步信号。有一些特殊的锁相环可以同时完成上述两部分电路的功能。自同步法分滤波法和锁相法两类。

1. 滤波法

对于不归零的随机二进制序列,不能直接从其中滤出位同步信号。但是,若对该信号进行某种变换,如变成归零脉冲后,则该序列中就有 $f_s=\dfrac{1}{T_s}$ 的位同步信号分量,经一个窄带滤波器,可滤出此信号分量。再将它通过一移相器调整相位后,就可以形成位同步脉冲,这种方法的方框图如图 7-13 所示。它的特点是先形成含有位同步信息的信号,再用滤波器将其滤出。下面介绍几种具体的实现方法。

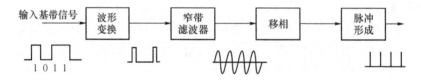

图 7-13 滤波法原理图

(1) 微分、全波整流——滤波法

图 7-13 原理图中的波形变换,在实际应用中可以是微分、整流电路,经微分、整流后的基带信号波形如图 7-14 所示。这里,整流输出的波形与图 7-13 中波形变换电路的输出波形有些区别。但可以看出,这个波形同样包含有位同步信号分量。

(2) 包络检波——滤波法

在某些数字微波中继通信系统中,经常在中频上用对频带受限的二相移相信号进行包络检波的方法来提取位同步信号。频带受限的二相 PSK 信号波形如图 7-15(a)所示。因频带受限,在相邻码元的相位变换点附近会产生幅度的平滑"陷落"。经包络检波后,可得图 7-15(b)所示的波形。可以看出,它是一直流和图 7-15(c)所示的波形相减而组成的。因此包络检波后的波形中包含有如图 7-15(c)所示的波形,而这个波形中已含有位同步信号分量。因此,将它经滤波器后就可提取出位同步信号。

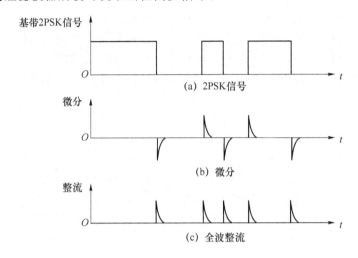

图 7-14　基带信号微分、整流波形

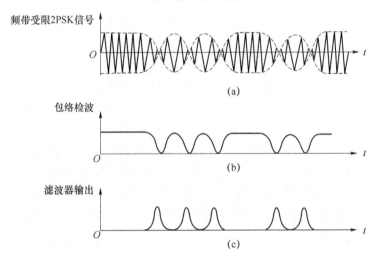

图 7-15　频带受限 2PSK 的位同步信号提取

滤波法要求收端滤波器性能精确和稳定,否则,将出现位同步信号的相位抖动。特别是当全"0"和全"1"码持续时间较长时,相位抖动会更厉害。所以此法应用较少,一般均采用锁相法提取位同步信号。

2. 锁相法

位同步锁相法的基本原理和载波同步类似。在接收端利用鉴相器比较接收码元和本地产生的位同步信号的相位。若两者相位不一致(超前或滞后),鉴相器就会产生误差信号去调整位同步信号的相位,直至获得准确的位同步信号为止。前面讨论的滤波法原理图中,窄带滤波器可以是简单的单调谐回路或晶体滤波器,也可以是锁相环路。

采用锁相环来提取位同步信号的方法称为锁相法。下面介绍在数字通信中常采用的数字锁相法提取位同步信号的原理。

锁相法的基本原理是在接收端利用一个相位比较器,比较接收码元与本地码元定时(位定时)脉冲的相位,若两者相位不一致,即超前或滞后,就会产生一个误差信号。通过控制电路去调整定时脉冲的相位,直至获得精确的同步为止。

数字锁相的原理方框图如图 7-16 所示。它是由高稳定度振荡器(晶振)、分频器、相位比较器和控制器所组成的。其中,控制器包括图中的扣除门、附加门和"或门"。高稳定度振荡器产生的信号经整形电路变成周期性脉冲,然后经控制器再送入分频器,输出位同步脉冲序列。

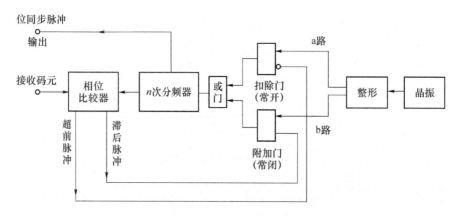

图 7-16 数字锁相的原理方框图

若接收码元的速率为 F(波特),则要求位同步脉冲的重复速率也为 F(赫兹)。这里,晶振的振荡频率设计在 nF(赫兹),由晶振输出经整形得到重复频率为 nF(赫兹)的窄脉冲,如图 7-17(a)所示。经扣除门、或门,并 n 次分频后,就可得重复频率为 F(赫兹)的位同步信号,如图 7-17(c)所示。如果接收端晶振输出经 n 次分频后,不能准确地和收到的码元同频同相,这时就要根据相位比较器输出的误差信号,通过控制器对分频器进行调整。调整的原理是当分频器输出的位同步脉冲超前于接收码元的相位时,相位比较器送出一超前脉冲,加到扣除门(常开)的禁止端,扣除一个 a 路脉冲,如图 7-17(d)所示。这样,分频器输出脉冲的相位就推后 $\frac{1}{n}$ 周期 $\left(\frac{360°}{n}\right)$,如图 7-17(e)所示。若分频器输出的位同步脉冲相位滞后于接收码元的相位,晶振的输出整形后除 a 路脉冲加于扣除门外,同时还有与 a 路相位相差 $180°$ 的 b 路脉冲序列(见图 7-17(b))加于附加门。附加门在不调整时是封闭的,对分频器的工作不起作用。当位同步脉冲相位滞后时,相位比较器送出一滞后脉冲,加于附加门,使 b 路输出的一个脉冲通过"或门",插入在原 a 路脉冲之间(见图 7-17(f)),使分频器的输入端添加了一个脉冲。于是,分频器的输出相位就提前 $\frac{1}{n}$ 周期(见图 7-17(g))。经这样的反复调整相位,即实现了位同步。

以上是数字锁相法的基本原理。具体实现时,接收码元的相位可以从基带信号的过零点提取(它代表码元的起始相位),而对数字信号进行微分就可获得过零点的信息。因为接收码元的相位是通过微分、整流而获得的,故称这种方法为微分整流型数字锁相法。

上述微分整流型数字锁相,是从基带信号的过零点中提取位同步信息的。当信噪比较低时,过零点受干扰的影响较大。如果应用匹配滤波的原理,先对输入的基带信号进行最佳检测,则干扰的影响就大为减弱,这样提取出的位同步信号必然会有更好的抗干扰性能。同相正交积分型数字锁相正是这样一种方法。

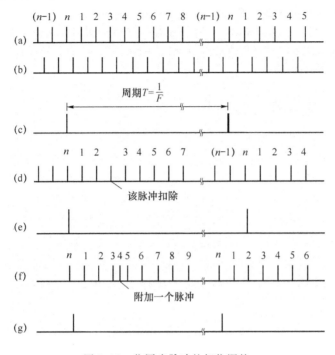

图 7-17　位同步脉冲的相位调整

用数字锁相环提取位同步信号,由于采用了数字电路,故实际应用时方便、可靠,也易于实现集成化。

7.3.3　位同步系统的性能指标

位同步系统的性能指标除了效率以外,主要有相位误差(精度)、同步建立时间、同步保持时间和同步带宽等。

7.4　群同步(帧同步)技术

载波同步解决了同步解调问题,即把频带信号解调为基带信号。而位同步确定数字通信中各个码元的抽样判决时刻,即把每个码元加以区别,使接收端得到一连串的码元序列,这一连串的码元序列代表一定的信息。群同步的任务就是在位同步的基础上识别出数字信息群(字、句、帧)的起始时刻,使接收设备的群定时与接收到的信号中的群定时处于同步状态。

数字信号的结构在进行系统设计时都是事先安排好的,字、句、帧都是由一定的码元数组成的。因此,字、句、帧的周期都是码元长度的整数倍。所以接收端在恢复出位同步信号之后,经过对位同步脉冲分频就很容易获得与发送端字、句、帧同频的相应的群定时信号。但是,每帧的开头和末尾时刻却无法由分频器的输出决定,群同步的任务就是要给出这个

"开头"和"末尾"的时刻。所以,群同步也称为帧同步。

为了实现群同步,通常有两类方法:一类是在数字信息流中插入一些特殊码组作为每群的头尾标记,接收端根据这些特殊码组的位置就可以实现群同步,这类方法称为外同步法;另一类方法不需要外加特殊码组,它类似于载波同步和位同步中的直接法,利用数据码组本身彼此之间不同的特性来实现群同步,这种方法称为自同步法。下面讨论常用的插入特殊码组实现群同步的方法。

7.4.1　外同步法(插入特殊码组)

插入特殊码组实现群同步的方法有两种,即连贯式插入法和间歇式插入法。在介绍这两种方法以前,先简单介绍一种首先在电传机中广泛使用的起止式群同步法。

1. 起止式群同步法

电传机的一个字由 7.5 个码元组成,如图 7-18 所示。每个字开头,先发一个码元的"起脉冲"(负值),中间 5 个码元是消息,字的末尾是 1.5 码元宽度的"止脉冲"(正值)。收端根据正电平第一次转到负电平这一特殊规律,确定一个字的起始位置,因而就实现了群同步。由于这种方式的止脉冲宽度与码元宽度不一致,会给同步数字传输带来不便。另外,在这种同步方式中,7.5 码元中只有 5 个码元用于传递消息,因此效率较低。但此种方法简单易行。

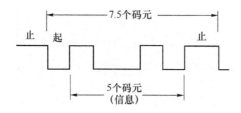

图 7-18　电传机编码波形

2. 连贯式插入法

连贯式插入法就是在每群的开头集中插入群同步码组的方法。用做群同步码组的特殊码组首先应该是具有尖锐单峰特性的局部自相关函数。由于这个特殊码组 $\{x_1, x_2, x_3, \cdots, x_n\}$ 是一个非周期有限序列,在求它的自相关函数时,除了在时延 $j=0$ 的情况下,序列中的全部元素都参加相关运算外,在 $j \neq 0$ 的情况下,序列中只有部分元素参加相关运算,其表达式为

$$R(j) = \sum_{i=1}^{n-j} x_i x_{i+j}$$

通常把这种非周期序列的自相关函数称为局部自相关函数。对同步码组的另一个要求是识别器应该尽可能简单。目前,一种常用的群同步码组是巴克码。

巴克码是一种非周期序列。一个 n 位的巴克码组为 $\{x_1, x_2, x_3, \cdots, x_n\}$,其中,$x_i$ 取值为 $+1$ 或 -1,它的局部自相关函数为

$$R(j) = \sum_{i=1}^{n-j} x_i x_{i+j} = \begin{cases} n & j = 0 \\ 0 \text{ 或 } \pm 1 & 0 < j < n \\ 0 & j \geqslant n \end{cases} \tag{7-5}$$

目前所找到的所有巴克码组如表 7-1 所列。

表 7-1 巴克码序列

位数 n	码序列	二进制表示
2	$++;-+$	11;01
3	$++-$	110
4	$+++-;++-+$	1110;1101
5	$+++-+$	11101
7	$+++--+-$	1110010
11	$+++--+--+-$	11100010010
13	$+++++--++-+-+$	1111100110101

以 $n=7$ 为例，根据式(7-5)可计算出它的局部自相关函数。

当 $j=0$ 时，

$$R(j) = \sum_{i=1}^{7} x_i^2 = 1+1+1+1+1+1+1 = 7$$

当 $j=1$ 时，

$$R(j) = \sum_{i=1}^{6} x_i x_{i+1} = 1+1-1+1-1-1 = 0$$

当 $j=2$ 时，

$$R(j) = \sum_{i=1}^{5} x_i x_{i+2} = 1-1-1-1+1 = -1$$

同理可求 $j=3,4,5,6,7$ 及 $j=-1,-2,\cdots,-7$ 时的 $R(j)$ 值，如表 7-2 所示。根据表 7-2 的值可画出 $R(j)$ 曲线，如图 7-19 所示。由图可以看出，巴克码的自相关函数在 $j=0$ 时具有尖锐的单峰特性。这种尖锐的单峰特性正是集中插入法帧同步系统所需要的。

表 7-2 巴克码的局部自相关函数值

j	-7	-6	-5	-4	-3	-2	-1	0	1	2	3	4	5	6	7
$R(j)$	0	-1	0	-1	0	-1	0	7	0	-1	0	-1	0	-1	0

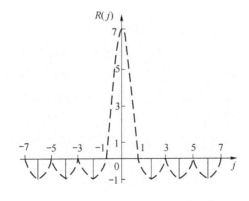

图 7-19 七位巴克码的自相关函数

巴克码识别器是比较容易实现的。这里仍以七位巴克码为例,用 7 级移位寄存器、相加器和判决器就可组成一识别器,如图 7-20 所示。当输入数据的"1"存入移位寄存器时,"1"端的输出电平为 +1,而"0"端的输出电平为 -1;反之,存入数据"0"时,"0"端的输出电平为 +1,"1"端的输出电平为 -1。各移位寄存器输出端的接法和巴克码的规律一致,这样识别器实际上就是对输入的巴克码进行相关运算。当七位巴克码正好全部进入 7 级移位寄存器时,7 级移位寄存器输出端都输出 +1,相加后得最大输出 +7;若判决器的判决门限电平为 +6,那么就在七位巴克码的最后一位"0"进入识别器时,识别器输出一群同步脉冲表示一群的开头。

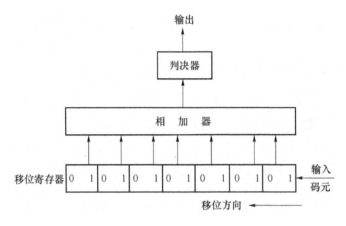

图 7-20　七位巴克码识别器

一般情况下,信息码不会正好都使移位寄存器的输出为 +1,因此实际上更容易判定巴克码全部进入移位寄存器的位置。

3. 间歇式插入法(分散插入法)

群同步码组不是集中插入在信息码流中的,而是将它分散地插入,即每隔一定数量的信息码元,插入一个群同步码元。群同步码码型选择的主要原则是:一方面要便于收端识别,即要求群同步码具有特定的规律性,这种码型可以是全"1"码、"1""0"交替码等;另一方面,要使群同步码的码型尽量和信息码有所区别。例如,24 路 PCM 系统中,采用 1、0 交替的帧同步码 $\{1010\cdots\}$,如图 7-21 所示,它插在每一帧的最后一个比特。设奇帧的帧同步码为"1"码,则偶帧的帧同步码就为"0"。一个抽样值用 8 位码表示,此时 24 路电话均抽样一次,共有 24 个抽样值,192 个信息码元。192 个信息码元作为一帧,在这一帧的最后(即第 193 比特)插入一个群同步码元,这样一帧共有 193 个码元。此码所占时隙是在第 24 路的 D_8 位之后的 D_9 位时隙。接收端检出群同步信息后,再得出分路的定时脉冲。收端要确定群同步码的位置,就必须对收到的码进行搜索检测。一种常用的检测方法为逐码移位法,它是一种串行的检测方法;另一种方法是 RAM 帧码检测法,它是利用 RAM 构成帧码提取电路的一种并行检测方法。

间歇式插入法的缺点是当失步时,同步恢复时间较长。因为如果发生了群失步,则需要逐个码位进行比较检测,直到重新收到群同步码,才能恢复群同步。此法的另一缺点是设备较复杂,因为它不像连贯式插入法那样,群同步信号集中插入在一起,而是要将群同步在每一子帧里插入一位码,这样群同步编码后还需要加以存储。

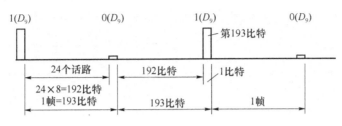

图 7-21 间歇式插入群同步方式

7.4.2 群同步系统的性能

群同步系统应该建立时间短,并且在群同步建立后应有较强的抗干扰能力。通常用漏同步概率 P_1、假同步概率 P_2 和群同步平均建立时间 t_s 来衡量这些性能。

7.4.3 群同步的保护

在数字通信系统中,由于噪声和干扰的影响,当有误码时,存在漏同步的问题。另外,由于信息码中也可能偶然出现群同步码,这样就产生假同步的问题。为此,要增加群同步的保护措施,以提高群同步性能。下面着重讲述连贯式插入法中的群同步保护问题。

最常用的保护措施是将群同步的工作划分为两种状态,即捕捉态和维持态。要提高群同步的工作性能,就必须要求漏同步概率 P_1 和假同步概率 P_2 都要低。但这一要求对识别器判决门限的选择是矛盾的。因此,把同步过程分为两种不同的状态,以便在不同状态对识别器的判决门限电平提出不同的要求,达到降低漏同步和假同步的目的。

捕捉态:判决门限提高,判决器容许群同步码组中最大错码数就会下降,假同步概率 P_2 就会下降。

维持态:判决门限降低,判决器容许群同步码组中最大错码数就会上升,但漏同步概率 P_1 就会下降。

连贯式插入法群同步保护的原理如图 7-22 所示。在同步未建立时,系统处于捕捉态,状态触发器 C 的 Q 端为低电平。此时同步码组识别器的判决电平较高,因而减小了假同步的概率。一旦识别器有输出脉冲,由于触发器的 $\overline{Q}$ 端此时为高电平,于是经或门使与门 1 有输出。与门 1 的一路输出至分频器使之置"1",这时分频器就输出一个脉冲加至与门 2,该脉冲还分出一路经过或门又加至与门 1。与门 1 的另一路输出加至状态触发器 C,使系统由捕捉态转为维持态,这时 Q 端变为高电平,打开与门 2,分频器输出的脉冲就通过与门 2 形成群同步脉冲输出,因而同步建立。

同步建立以后,系统处于维持态。为了提高系统的抗干扰和抗噪声的性能以减小漏同步概率,具体做法就是利用触发器在维持态时 Q 端输出高电平去降低识别器的判决门限电平,这样就可以减小漏同步概率。另外,同步建立以后,若在分频器输出群同步脉冲的时刻,识别器无输出,这可能是系统真的失去了同步,也可能是由偶然的干扰引起的,只有连续出现 n_2 次这种情况才能认为真的失去了同步。这时与门 1 连续无输出,经"非"后加至与门 4 的便是高电平。分频器每输出一脉冲,与门 4 就输出一脉冲。这样连续 n_2 个脉冲使"÷n_2"

电路计满,随即输出一个脉冲至状态触发器 C,使状态由维持态转为捕捉态。当与门 1 不是连续无输出时,"÷n_2"电路未计满就会被置"0",状态就不会转换,因此增加了系统在维持态时的抗干扰能力。

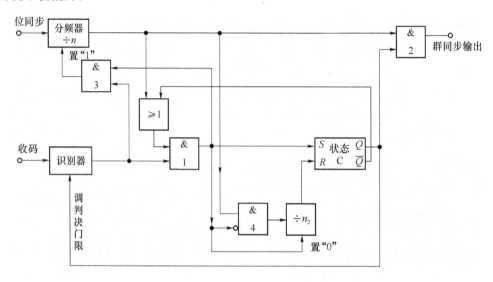

图 7-22   连贯式插入法群同步保护原理图

同步建立以后,信息码中的假同步码组也可能使识别器有输出而造成干扰,然而在维持态下,这种假识别的输出与分频器的输出是不会同时出现的,因而这时与门 1 就没有输出,故不会影响分频器的工作,因此这种干扰对系统没有影响。

7.4.4   PCM30/32 路帧同步系统

作为连贯式插入法群同步的具体应用,下面介绍 PCM30/32 路帧同步系统。PCM 系统是时分制多路通信系统,各话路送来的信号,在不同的时隙内抽样、编码,然后送到接收端依次解码、分路,再恢复为原信号。即在数字通信中,信号的处理与传输都是在规定的时隙内进行的。

PCM30/32 路制式是采用由多位码组成的帧同步码组,集中插入帧内的规定时隙。在选择帧同步码型时,要考虑信息码中出现帧同步码(称为同步码)的可能性要很小。因此帧同步码要具有特定的码型。CCITT 规定 PCM30/32 路制式的帧同步码组为 7 位码,其码型是(0011011),它集中插入偶帧的 TS_0 时隙的第 2 ~ 8 位时隙,如图 7-23 所示。

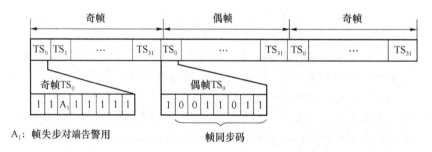

图 7-23   PCM 30/32 帧同步码的集中式插入

下面简单讨论 PCM 帧同步系统的具体性能。

1. 帧同步建立时间

要求开机后整个系统要能很快地进入帧同步,或一旦帧失步后,能很快恢复帧同步。帧失步将使信息丢失,对于语音通信来讲,人耳不易察觉出小于 100 ms 的通信中断,所以一般认为帧同步恢复时间在几十毫秒量级是允许的。但是在传输数据时,则要求很严格,即使帧同步恢复时间为 2 ms,也要丢失大量数据。

2. 帧同步系统的稳定性

信道误码可能会使帧同步码产生误码,而产生假失步。在正常帧同步情况下,如果根据假失步进行调整,就会使已经处于帧同步的状态变成帧失步状态,即造成误调整。误调整结果将使正常的通信中断。因此帧同步系统应具有一定的抗干扰能力,为此帧同步系统应设有保护措施,如图 7-24 所示。

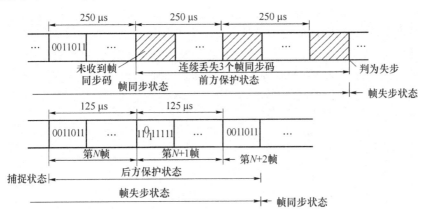

图 7-24　PCM 30/32 帧同步系统保护措施

帧同步码的插入方式不同,对保护时间的规定也不同。对 PCM30/32 路制式,CCITTG 系列 G.732 建议如下。

(1) 帧失步

如果帧同步系统连续 3～4 个同步帧(同步帧周期 $=2T_s=2\times125\ \mu s=250\ \mu s$)未收到帧同步码,则判系统已失步,此时帧同步系统立即进入捕捉状态。

(2) 帧同步

帧同步系统进入捕捉状态后,在捕捉过程中,如果捕捉到的帧同步码组(每帧时间长 125 μs),具有以下规律:① 第 N 帧有帧同步码(10011011)(第 1 位码暂固定为 1);② 第 $N+1$ 帧无帧同步码,而有对端告警码(110/111111);③ 第 $N+2$ 帧有帧同步码。则判帧同步系统进入同步状态,这时帧同步系统已完全恢复同步。检查 $N+1$ 帧中有没有帧同步码组,是通过奇帧 TS_0 时隙的 D_2 位时隙,即第 2 位码(1 码)来核对。因为奇帧的 TS_0 时隙的 D_2 位是固定发 1 码,称之为监视码。如果 $N+1$ 帧的 D_2 位时隙是 1 码,则证明本帧无帧同步码;如果 $N+1$ 帧的 D_2 位时隙是 0 码,则表明前一帧(N 帧)的帧同步码是伪同步码,因此必须重新捕捉。

PCM30/32 路制式,由于采用集中插入方式,采用了 7 位帧同步码组(0011011),信息码流中形成伪同步码的概率大为降低,因此捕捉时间比 PCM24 路制式短得多。所以 PCM30/32

路制式可以用一些话路作为数据传输用。

7.5　网同步技术

当通信是在点对点之间进行时,完成了载波同步、位同步和帧同步之后,就可以进行可靠的通信了。但现代通信往往需要在许多通信点之间实现相互连接,而构成通信网。显然,为了保证通信网各点之间可靠地进行数字通信,必须在网内建立一个统一的时间标准,称为网同步。

图7-25为一复接系统。图中 A、B、C 等是各站送来的速率较低的数据流(A、B、C 本身又可以是多路复用信号),它们各自的时钟频率不一定相同。在总站的合路器里,A、B、C 等合并为路数更多的复用信号,当然这时数据流的速率更高了。高速数据流经信道传输到接收端,由收站分路器按需要将数据分配给 A'、B'、C' 等各分站。如果只是 A 站与 A' 站的点对点之间的通信,那么它们之间的通信就是前几节介绍的方法。但在通信网中是多点通信,A 站的用户也要与 B' 站和 C' 站通信,若它们之间没有相同的时钟频率是不能进行通信的。保证通信网中各个站都有共同的时钟信号,是网同步的任务。

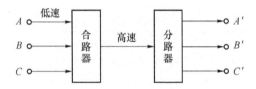

图 7-25　复接系统

实现网同步的方法主要有两大类。一类是全网同步系统,即在通信网中使各站的时钟彼此同步,各站的时钟频率和相位都保持一致。建立这种网同步的主要方法有主从同步法和相互同步法。另一类是准同步系统,也称独立时钟法,即在各站均采用高稳定性的时钟,相互独立,允许其速率偏差在一定的范围之内,在转接时设法把各处输入的数码速率变换成本站的数码率,再传送出去,在变换过程中要采取一定措施使信息不致丢失。实现这种方式的方法有两种:码速调整法和水库法。

7.5.1　全网同步系统

全网同步方式采用频率控制系统去控制各交换站的时钟,使它们都达到同步,即使它们的频率和相位均保持一致,没有滑动。采用这种方法可用稳定度低而价廉的时钟,在经济上是有利的。

1. 主从同步法

在通信网内设置一个主站,它备有一个高稳定的主时钟源,再将主时钟源产生的时钟逐站传输至网内的各个站去,如图7-26所示。这样各站的时钟频率(即定时脉冲频率)都直接或间接来自主时钟源,所以网内各站的时钟频率相同。各从站的时钟频率通过各自的锁相环来保持和主站的时钟频率一致。由于主时钟到各站的传输线路长度不等,会使各站引入不同的时延,因此各站都需设置时延调整电路,以补偿不同的时延,使各站的时钟不仅频率相同,而且相位也一致。

这种主从同步方式比较容易实现,它依赖单一的时钟,设备比较简单。此法的主要缺点是:若主时钟源发生故障,会使全网各站都因失去同步而不能工作;当某一中间站发生故障时不仅该站不能工作,其后的各站都因失步而不能工作。

图 7-27 示出另一种主从同步控制方式,称为等级主从同步方式。它所不同的是全网所有的交换站都按等级分类,其时钟都按照其所处的地位水平,分配一个等级。在主时钟发生故障的情况下,就主动选择具有最高等级的时钟作新的主时钟。即主时钟发生故障时,则由副时钟源替代,通过图中虚线所示通路供给时钟。这种方式改善了可靠性,但较复杂。

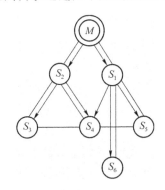
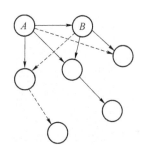

图 7-26　主从控制方式　　　　　图 7-27　等级主从同步方式

2. 互控同步法

为了克服主从同步法过分依赖主时钟源的缺点,让网内各站都有自己的时钟,并将数字网高度互连实现同步,从而消除了仅有一个时钟可靠性差的缺点。各站的时钟频率都锁定在各站固有频率的平均值上,这个平均值称为网频频率,从而实现网同步。这是一个相互控制的过程。当网中某一站发生故障时,网频频率将平滑地过渡到一个新的值。这样,除发生故障的站外,其余各站仍能正常工作,因此提高了通信网工作的可靠性。这种方法的缺点是每一站的设备都比较复杂。

7.5.2　准同步系统

1. 码速调整法

准同步系统各站各自采用高稳定时钟,不受其他站的控制,它们之间的钟频允许有一定的容差。这样各站送来的信码流首先进行码速调整,使之变成相互同步的数码流,即对本来是异步的各种数码进行码速调整。

2. 水库法

它不是依靠填充脉冲或扣除脉冲的方法来调整速率,而是依靠在通信网的各站都设置极高稳定度的时钟源和容量足够大的缓冲存储器,使得在很长的时间间隔内存储器不发生"取空"或"溢出"的现象。容量足够大的存储器就像水库一样,即很难将水抽干,也很难将水库灌满,因而可用做水流量的自然调节,故称为水库法。

现在来计算存储器发生一次"取空"或"溢出"现象的时间间隔 T_0。设存储器的位数为 $2n$,起始为半满状态,存储器写入和读出的速率之差为 $\pm\Delta f$,则显然有

$$T=\frac{n}{\Delta f}$$

设数字码流的速率为 f,相对频率稳定度为 S,并令

$$S = \left| \pm \frac{\Delta f}{f} \right|$$

得

$$fT = \frac{n}{S}$$

此式是水库法进行计算的基本公式。现举例如下:设 $f = 512 \, \text{kbit/s}$,并设

$$S = \left| \pm \frac{\Delta f}{f} \right| = 10^{-9}$$

需要使 T 不小于 24 小时,则利用水库法基本计算公式,可求出 n,即

$$n = SfT = 10^{-9} \times 51\,200 \times 24 \times 3\,600 \approx 45$$

显然,这样的设备不难实现,若采用更高稳定度的振荡器,如镓原子振荡器,其频率稳定度可达 5×10^{-11}。因此,可在更高速率的数字通信网中采用水库法作网同步。但水库法每隔一个相当时间总会发生"取空"或"溢出"现象,所以每隔一定时间 T 要对同步系统校准一次。

上面简要介绍了数字通信网网同步的几种主要方式。但是,网同步方式目前世界各国仍在继续研究,究竟采用哪一种方式,有待探索。而且,它与许多因素有关,如通信网的构成形式、信道的种类、转接的要求、自动化的程度、同步码型和各种信道的码率选择等都有关系。前面所介绍的方式,各有其优缺点。目前数字通信正在迅速发展,随着市场的需要和研究工作的进展,可以预期今后一定会有更加完善、性能良好的网同步方法出现。

小　结

本章介绍了通信系统中的同步技术。所谓同步是指保证通信系统正常工作,收发两端步调一致的工作方式。

数字通信中,同步包括载波同步、位同步、群同步和网同步。

载波同步的方法有:插入导频法(外同步法),导频信号的位置和信号的具体形式有关,应易于滤出,导频信号的形式是正交载波;直接法(自同步法),对于二相信号,典型的方法有平方环法和同相正交环法。

位同步的实现方法也可分为插入导频法和直接法。插入导频法和载波同步中的插入导频法原理基本相同,可以在频域和时域中进行;直接法又有滤波法和锁相法两种形式。位同步锁相法是指利用锁相环来提取位同步信号。根据数字通信的需要,常采用数字锁相环。

实现群同步的方法主要是插入特殊码组,具体有连贯式插入法和间歇式插入法。常用的是连贯式插入法。

群同步最常见的保护措施是将群同步的工作划分为捕捉和维持两种状态。在捕捉态时,同步码组识别器的判决门限电平较高,以减小假同步概率;在维持态时,降低识别器的判决门限电平,以减小漏同步概率,提高系统的抗干扰能力。

网同步方式主要有主从同步法、相互同步法、码速调整法和水库法。在规划整个网络方案时,对于不同等级的网络,采用不同的同步法,充分发挥各种方式的优点。

思　考　题

1. 数字通信系统中有哪几种同步信号？它们都用在何处？对同步的要求是什么？

2. 一个采用非相干解调方式的数字通信系统是否必须有载波同步和位同步？其同步性能的好坏对通信系统的性能有何影响？

3. 什么是载波同步和位同步？它们都有什么用处？举例说明。

4. 对抑制载波的双边带信号，试叙述用插入导频法和直接法来实现载波同步时，各有什么优缺点。

5. 在载波提取和位同步提取中广泛采用锁相环路，与其他提取电路相比它有哪些优点？

6. 载波相位误差 φ 对不同信号的解调所带来的影响有哪些不同？

7. 对位同步的两个基本要求是什么？

8. 位同步的主要性能指标是什么？

9. 位同步系统中相位误差对数字通信的性能有什么影响？请举例说明。

10. 连贯式插入法和间歇式插入法有什么区别？各有什么特点？

11. 简述群同步保护的原理。

12. 什么叫假同步？什么叫漏同步？它们是如何引起的？怎样克服？

13. 网同步的方式有哪些？各有何特点？

第 8 章

差 错 控 制

在数字通信系统中,信息以数据的形式在通信网中传输、交换。数据从源设备发出,通常要经过多段信道传输和多台交换设备交换才能到达终端设备。数据在传输过程中可能会出差错,差错控制是将某一要传输的数据序列,经过某种编码规则编码后在信道中传输,在接收端按照同一种编码规则检查发现传输中造成的错误码元,并进行错误码元的纠正。因而差错控制是提高整个通信系统质量的一种编码技术。

本章主要讨论差错控制编码的基本原理,并介绍几种常用的纠错编码方法。

8.1 差错控制编码的基本原理

8.1.1 差错控制的基本原理

在通信系统中,信息用数据表示,而数据用电信号或光信号表示。信号经过信道传输后,由于信道特性的影响,波形将发生失真,引起码间干扰;噪声叠加在信号上,会引起传输码元出错,从而造成数据的传输差错,降低通信系统的可靠性。为尽可能地减少传输过程中的码元差错而采取的技术措施称为差错控制。差错控制技术是通过差错编码或纠错编码来实现的。具体过程是:在发送端将传送的信息码元序列划分成组,每组有 k 个码元,以一定的规则在每组中增加 r 个码元(称冗余码元),这些码元是不含信息的。这样使原来不相关的信息序列中的码元,通过增加多冗余码元变成相关的,这种方法称为编码。然后把这些信息码元及多冗余码元组成每组 $n=k+r$ 码元序列,送入信道传输,在接收端根据收到的码元序列,按发端编码规则,逐组进行检验(称译码),从而发现错误(检错),或者自动纠正错误(纠错),这就是差错控制编码的全过程。在纠错编码术语中,把多冗余码元称为监督元(或称校验元)。

下面结合具体实例来说明差错控制编码的基本原理。

1. 无抗干扰能力的信息码

通常信息码用“0”、“1”码元序列来表示。如果一个独立的信息含义是由 n 个码元来表示的,则其组合的信息含义可以有 2^n 个。由 n 个码元构成的组合称为一个码组。例如,国际 5 号码的每一个字符是由 7 个码元来表示的。显然其码元组合共有 $2^7=128$ 个,它们分别代表不同的字符和控制功能。但是这样构成的信息码不具有抗干扰能力。从下面一个简单的例子就可看出:在国际 5 号码中,“B”字母用(1000010)表示,“C”字母用(1000011)表示,如果信源发出表示字母“B”的码组在传输中受到干扰,使最后一个码元由 0 变成 1,则接收端收到的将是(1000011)，即字母"C"，当发生这种差错时，接收端是无法检查出错误的。

2. 具有检错能力的编码

一个由两个二进制码元组成的码组可以有 $2^2 = 4$ 种不同的组合：(00)、(01)、(10)和(11)。在这 4 种组合中，采用(00)、(11)两个码组作为有用码组，其余两个码组废弃不用，则在传输过程中，当任何码组受到干扰出现一位差错时，不论差错的具体位置如何，接收端都能很容易地发现这个错误的码组。当然，仅仅是发现某一个码组有错，但不能确切知道错误位置，因而不能加以改正。

3. 具有纠错能力的编码

在二元码组的 4 种组合中，只选用(00)、(11)两个码组作为有用码组，可以检查一个以下码元的差错；如要使码组有纠错能力，可以增加一位码元为三元码组，把三元码组的 8 种组合分为两个子集，(000)、(100)、(010)、(001)与有用码组(000)相对应，显然有用码组(000)在传输过程中如果出现一个差错，则新形成的码组一定包含在这个子集中；同样，(111)、(011)、(101)、(110)与有用码组(111)对应，有用码组(111)在传输过程中出现一个差错也一定包含在这个子集中。这样只要收发两端事先约定，发方只发(000)、(111)两种码组，则在只发生一个差错的前提下凡属于前一子集的任何码组都被认为发端发出的是有用码组(000)，而收到后一子集中的任何码组都被认为发端发出的是有用码组(111)。这样有用码组在传输中无论在哪一个位置上出现一个差错都能自动加以纠正。

8.1.2　纠错码的码距

码距是在许用码组中两个码组对应位置上的码元不同符号的数目，用 d 表示。例如，001 和 010 两个码组，在第 2、第 3 位上码元符号不同，所以这两个码组的码距 $d=2$。在一个码集中任意两个码组的最小距离称为最小码距，又称汉明码距，它是码的纠检错能力的重要度量。一般用 d_0 表示。

$$d_0 = \min \sum_1^n (a_n \oplus b_n) \tag{8-1}$$

关于码距和纠错、检错能力之间的关系有 3 个基本公式：

(1) 为了发现 e 个错码，要求码距 $d_0 \geqslant e+1$；

(2) 为了纠正 t 个错码，要求码距 $d_0 \geqslant 2t+1$；

(3) 为了纠正 t 个错码，同时发现 e 个错码，要求码距 $d_0 \geqslant e+t+1$ $(e>t)$。

由此可见，要使码具有一定的纠检错能力，对码的距离就要有一定的要求。码距越大，码的纠检错能力就越强，抗干扰能力也越强。但是加大码距势必要增加校验码元的个数，这样一来，编码效率就要降低。如果用 k 表示信息码元的个数，用 n 表示整个码字码元的个数，r 表示增加的冗余码元的个数，η 表示效率，则

$$\eta = \frac{k}{n} \quad (n=k+r) \tag{8-2}$$

η 是衡量码组性能的一个重要参数，显然 $\eta<1$。编码效率越高，信道利用率就越高，但纠检错能力要下降。可见编码效率与纠检错能力之间是有矛盾的，应予以合理解决。在实际系统中使用时，要根据具体指标要求，保证有一定的纠检错能力和编码效率，并且

易于实现。

8.2 差错控制的基本方式

图 8-1 是计算机 A 和计算机 B 交换数据的通信模型。该模型设置了通信控制器,两个相邻的通信控制器和信道组成一条数据链路,两个通信处理器协同控制链路的数据传输和对传输的数据进行差错控制。为实现差错控制,发端通信处理器对输入的数据流分组,并按照某种规则进行差错编码。编出的码作为一个数据块传输,这个数据块称为帧。收端的通信控制器收到数据帧后进行差错纠错。常见的通信控制器有以太网网卡、串行通信控制器、路由器的 PPP 接口卡、路由器的 HDLC 接口卡。

图 8-1　数字通信系统模型

数据通信系统中,差错控制方法主要有自动请求重发(ARQ)、前向纠错(FEC)和混合纠错(HEC)3 种。

8.2.1　自动请求重发

发送端将数据流分组编出检测码,发送检错码。这样传输过程中如发生了差错,接收端就能检验出传输错误,并通过反馈信道要求发端重发,直到接收端正确收到为止,从而达到纠错的目的。这种检错反馈重发方式又称为自动请求重发(ARQ,Automatic Request)。

ARQ 主要有 3 种方式:等待 ARQ、连续 ARQ、选择重传 ARQ。

1. 等待 ARQ

如图 8-2 所示,等待 ARQ 是指发送端发送完一帧后,就等待接收站的确认,当发送站确认接收站正确接收之后,再继续发送下一帧数据;当接收错误,接收站请求发送站重发上一帧数据。由于发送站发送每一帧数据,都要等待接收站的回答,所以这种方式信道利用率很低。

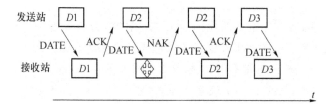

图 8-2　等待 ARQ

2. 连续 ARQ

为了提高信道的效率,采用连续 ARQ 方式。发送站在允许范围内连续发出一系列帧,如果某一帧出现错误码,并收到一个 NAK 信号,这时错误帧及后续所有已发的帧均需重发。图 8-3 中发送端连续发出 0、1、2、3、4、5 帧,其中 0、1 号帧传输正确,发站收到了 ACK 信号;3 号帧传输错误,接收站发出 NAK 信号。当 NAK 信号到达发送站时,5 号帧已经发出,因此 3 号帧传输和后续的 3、4、5 帧都需要重发。显然,在收到 ACK 信号以前,发送站需继续存储已发出的帧的副本。

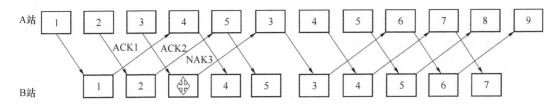

图 8-3　连续 ARQ

3. 选择重传 ARQ

在这种方式中,发站仅仅重发出现错误的帧,而不涉及后续的帧。如图 8-4 所示,3 号帧发生了错误,接收站发出 NAK 的信号,发送站在收到此信号后重发 3 号帧。

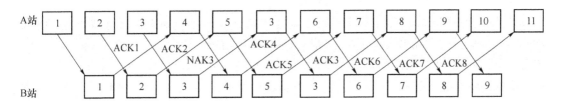

图 8-4　选择重传 ARQ

8.2.2　前向纠错

前向纠错又称自动纠错。在这种方式中,发送端将信息码元按一定规则附加上校验码构成纠错码。当接收的码组中有差错且在该码的纠错能力之内时,接收端自动纠错。

8.2.3　混合纠错

混合纠错是自动请求重发与前向纠错两种方式的结合。发送端发送的码不仅有检错能力,还有一定的纠错能力。接收端收到码字后,译码器首先检验错误情况,如果在码的纠错能力之内,则自动纠错;如果超过码的纠错能力,接收端通过反馈信道请求重发帧,发送端重发纠正错误帧。

8.3　常用的检错编码方式

本节中介绍几种常用的检错编码,它只能检出错误码,而不能纠错。

8.3.1　奇偶校验码

1. 奇偶校验

奇偶校验分为奇校验和偶校验。两者构成原理相同,效率相同。奇偶校验码是一种最简单的检错码。

在二进制数据的传输中,发生差错就是码元由"1"变为"0",或者由"0"变为"1",这样使码组中的"1"码的个数发生变化。如果在码组中增加一位码元,使码组中"1"的个数为偶数或奇数,在传输过程发生奇数个差错时,则破坏了偶数(或奇数)个"1"码的规则。其编码规则是:首先将所要传送的信息分组,然后在一个码组的信息元后面附加校验码元,使得该码组中码元"1"的个数为奇数或偶数。

偶校验是使每个码组中"1"的个数为偶数,其校验方程为

$$a_{n-1} \oplus a_{n-2} \oplus a_{n-3} \oplus \cdots \oplus a_0 = 0 \tag{8-3}$$

其中 a_{n-1} 为增加的校验位,其他位为信息位。

同样,奇校验码组中"1"的个数为奇数,其校验方程为

$$a_{n-1} \oplus a_{n-2} \oplus a_{n-3} \oplus \cdots \oplus a_0 = 1 \tag{8-4}$$

其中 a_{n-1} 也为增加的校验位,其他位为信息位。

奇偶校验只能检出码字中任意奇数个差错,对于偶数个差错则无法检测,因此它的检测能力不强。但是它的编码效率很高,实现起来容易,因而被广泛采用。国际标准化组织 ISO 规定,对于串行异步传输系统采用偶校验方式,串行同步传输系统采用奇校验方式。

在实际的数据传输中,奇偶校验又分为垂直奇偶校验、水平奇偶校验和垂直水平奇偶校验。

2. 垂直奇偶校验码

实际运用中,对数据信息的分组通常是按字符进行的,即一个字符构成一组,又称字符奇偶校验。以 7 单位代码为例,其编码规则是在 $a_0 \sim a_6$ 后面附加一个奇偶校验码元 a_7,使得 $a_0 \sim a_7$ 码元中"1"的个数为奇数或偶数。接收端根据收到的 $a_0 \sim a_7$ 重新校验。垂直奇偶校验码如表 8-1 所示。

3. 水平奇偶校验码

水平奇偶校验码是将传输的若干字符分成一个校验码组。对同一组内各信息字符的同一位进行奇偶校验,校验结果是一个校验字符。发端依次传输信息字符,最后传校验字符。收端依次接收字符,并对组内的信息字符的对应位校验,其结果与校验字符比较,相同则接收正确。表 8-2 中是将 10 个字符作为一个校验码组,编出的水平奇偶校验码。

4. 垂直水平奇偶校验码

垂直水平奇偶校验码又称纵横奇偶校验码或方阵码,它对水平方向和垂直方向的码元同时进行奇偶校验,其基本原理与简单的奇偶校验相似。不同的是每个码元都要受到纵、横两项校验。垂直水平奇偶校验码的编码方法如下:将若干个所要传送的码编成一个矩阵,矩阵每一列为一个码组(字符),每列的最后加一个校验码元,进行奇或偶校验。矩阵中的每一行均由不同的码组中相同位置的码元排列而成。在每一列的最后加一个校验码(字符),进行奇或偶校验。表 8-3 为垂直水平奇偶校验码。

表 8-1　垂直奇偶校验码

位 ＼ 字符		0	1	2	3	4	5	6	7	8	9
a_0		0	0	0	0	0	0	0	0	1	1
a_1		0	0	0	0	1	1	1	1	0	0
a_2		0	0	1	1	0	0	1	1	0	0
a_3		0	1	0	1	0	1	0	1	0	1
a_4		1	1	1	1	1	1	1	1	1	1
a_5		1	1	1	1	1	1	1	1	1	1
a_6		0	0	0	0	0	0	0	0	0	0
a_7	奇校验	1	0	0	1	0	1	1	0	0	1
	偶校验	0	1	1	0	1	0	0	1	1	0

表 8-2　水平奇偶校验码

位 ＼ 字符	0	1	2	3	4	5	6	7	8	9	奇校验	偶校验
a_0	0	0	0	0	0	0	0	0	1	1	1	0
a_1	0	0	0	0	1	1	1	1	0	0	1	0
a_2	0	0	1	1	0	0	1	1	0	0	1	0
a_3	0	1	0	1	0	1	0	1	0	1	0	1
a_4	1	1	1	1	1	1	1	1	1	1	1	0
a_5	1	1	1	1	1	1	1	1	1	1	1	0
a_6	0	0	0	0	0	0	0	0	0	0	0	1

表 8-3　垂直水平奇偶校验码

位 ＼ 字符		0	1	2	3	4	5	6	7	8	9	偶校验字符
a_0		0	0	0	0	0	0	0	0	1	1	0
a_1		0	0	0	0	1	1	1	1	0	0	0
a_2		0	0	1	1	0	0	1	1	0	0	0
a_3		0	1	0	1	0	1	0	1	0	1	1
a_4		1	1	1	1	1	1	1	1	1	1	0
a_5		1	1	1	1	1	1	1	1	1	1	0
a_6		0	0	0	0	0	0	0	0	0	0	1
a_7	偶校验码元	0	1	1	0	1	0	0	1	1	0	0

8.3.2　汉明码

根据偶校验码的监督方程式(8-3)原则,在接收端解码时,将式(8-3)可以写成

$$S = a_{n-1} \oplus a_{n-2} \oplus a_{n-3} \oplus \cdots \oplus a_0 \tag{8-5}$$

式中，a_{n-1} 是监督码元，其他是信息码，校验时就是按上式计算 S 值的。当 $S=0$ 时，认为该码组无错码；$S=1$ 时，认为该码组有错码。式(8-5)称为监督关系式，S 称为校正子。由于校正子 S 的取值只有两种可能，只能表示有错和无错两种信息，所以不能指出错误的位置。如果设置两位监督位，就可以组成两个监督关系式，由两个校正子 S_1 和 S_2 组成 00、01、10、11 共 4 种组合，表示 4 种信息，即 1 个表示无错，其余 3 个信息表示错码的位置。如果设置 3 位监督位，就有 S_1、S_2、S_3 3 个校正子，有 8 个二进制组合，可以表示 8 种信息，正好可以表达(7,4)分组码(码组长度 7 bit，信息位 4 bit，校验位 3 bit)的错码及其所处的位置。其中 1 个组合指出有无错，另外 7 个组合分别指出 7 位二进制数字的错码位置。

　　分组码是对信息码元按固定长度分段，每个码段有 k 个码元，并加入 r 个监督码元，组成长度为 $n=k+r$ 的分组码，也称(n,k)分组码。

　　对(n,k)分组码，监督位数 $r=n-k$，若希望用 r 个监督码元构造出 r 个监督关系式，指示一位错误的 n 种可能位置，则要求

$$2^r - 1 \geqslant n \quad \text{或} \quad 2^r \geqslant k+r+1$$

下面以(7,4)汉明码为例说明汉明码的编码及纠错过程。

　　(7,4)汉明码的编码结构是 $m_3 m_2 m_1 m_0 r_2 r_1 r_0$，表 8-4 表示其校正子 S 与错码位置的关系。

表 8-4　分组码的校正子 S 与错码位置的关系

$S_1 S_2 S_3$	错码位置	$S_1 S_2 S_3$	错码位置
001	r_0	101	m_1
010	r_1	110	m_2
100	r_2	111	m_3
011	m_0	000	无错码

　　表 8-4 表示(7,4)分组码的校正子 S 与错码位置的关系，表中 $r_2 r_1 r_0$ 是监督码，$m_3 m_2 m_1 m_0$ 是信息码。从表 8-4 可知，当 $S_1 = 1$ 时，错码位置在 r_2、m_1、m_2、m_3，因此有

$$S_1 = m_3 \oplus m_2 \oplus m_1 \oplus r_2 \tag{8-6}$$

同样，$S_2 = 1$ 时，错码位置为 r_1、m_0、m_2、m_3，因此有

$$S_2 = m_3 \oplus m_2 \oplus m_0 \oplus r_1 \tag{8-7}$$

同理，$S_3 = 1$ 时，有

$$S_3 = m_3 \oplus m_1 \oplus m_0 \oplus r_0 \tag{8-8}$$

　　在发端编码时，$m_3 m_2 m_1 m_0$ 是信息位，其取值取决于传输信息。而监督位 $r_2 r_1 r_0$ 则应根据信息码的取值和关系式(8-6)、(8-7)和(8-8)而定。即在编码时监督位应使上述三式中的 $S_1 = 0$、$S_2 = 0$、$S_3 = 0$(表示编出的码组无错码)，所以：

$$\left. \begin{array}{l} m_3 + m_2 + m_1 + r_2 = 0 \\ m_3 + m_2 + m_0 + r_1 = 0 \\ m_3 + m_1 + m_0 + r_0 = 0 \end{array} \right\} \tag{8-9}$$

式(8-9)为三元一次方程组,解方程组得出监督位:

$$r_2 = m_3 \oplus m_2 \oplus m_1 \\ r_1 = m_3 \oplus m_2 \oplus m_0 \\ r_0 = m_3 \oplus m_1 \oplus m_0 \Bigg\} \tag{8-10}$$

从而得出要发送的编码($m_3 m_2 m_1 m_0 r_2 r_1 r_0$)。接收端收到每个码组后,先按式(8-6)、式(8-7)、式(8-8)求出 $S_1 S_2 S_3$ 的值,再按表 8-4 确定哪位码出错。例如,收到的码组是 0000011,先按式(8-6)、式(8-7)、式(8-8)求出 $S_1 S_2 S_3$ 的值为 011,再根据表 8-4 确定错误位为 m_0,将其求反即完成纠错。

汉明码是线性分组码,因其监督码元 $r_2 r_1 r_0$ 可以用线性方程组表示。

8.3.3 恒比码

恒比码码中含"1"和"0"的数目保持固定的比例,又称定比码。在这种码的码组中,由于每个码组的长度相同,则码组必然等重,也称等重码。校验时,一般只要计算接收码组中"1"的数目是否符合规定的原则,就可检测出有无错误。

电报通信中采用的"保护电码"就是恒比码。在电报通信中信息字符是用 0～9 阿拉伯数字组合表示,而每个阿拉伯数字用 5 bit 的电码表示。"保护电码"就是恒比码,在规定使用的 5 bit 电码中,每一个 5 bit 电码都必须包含 3 个"1"两个"0",所以它又称为"5 中取 3 码"。从 5 中取 3 的组合数 $C_5^3 = \dfrac{5!}{(5-3)! \ 3!} = 10$,这 10 种准用码组恰好可用来表示 10 个阿拉伯数字,如表 8-5 所示。

表 8-5 5 bit 电码

阿拉伯数字	保护电码	国际 2 号码
1	01011	11101
2	11001	11001
3	10110	10000
4	11010	01010
5	00111	00001
6	10101	10101
7	11100	11100
8	01110	01100
9	10111	00011
0	01101	01101

表 8-5 列出了国际 2 号码中的 10 个阿拉伯数字电码作为比较。可以看出,在国际 2 号码中,数字"1"和"2"之间,"5"和"9"之间,"7"和"8"之间,"8"和"0"之间等,码距均为 1,容易出错。而在保护电码中,由于长度为 5 的码组共有 $2^5 = 32$ 种,除 10 种准用码组外,还有许多禁用码组,其冗余度较大。在实际使用中,经验表明保护电码能使差错减少到原来的十分之一左右。具体地说,这种编码能够检测码组中所有奇数个码元的错误以及部分偶数个码元的错误,但不能检测在每一个码组中发生的"对换差错"(即在同一码组中"1"变为"0"与

"0"变为"1"的错码数目相同的那些偶数差错)。但发生对换差错的情况只有 $C_3^1C_2^1 = 6$ 种,占总的双个差错情况的 60%,其余 40% 的双个差错仍能被检出。在接收端,当电报机收到的码组中有不符合 3 个"1"、2 个"0"比例时,即认为错误。

在国际上通用的电报通信系统中,目前广泛采用"7 中取 3"的恒比码。这种码共有 $C_7^3 = 35$ 个准用码组,93 个禁用码组。应用这种码,实践证明使国际电报通信的误码率保持在 10^{-6} 以下。

8.4 循环码

循环冗余校验码简称循环码或 CRC 码,它是线性分组码的一个重要子集,它具有高效的检错能力,能够用带反馈的移位寄存器实现,因此在数据通信中得到广泛应用。

8.4.1 循环码的特性

循环码是线性分组码,具有封闭性和循环性。封闭性是指循环码集中的两个码相加,其结果是码集中的另一个码。上述两个码相加是指模 2 加,且相加不进位,相减不借位。表 8-6 表示循环码有 8 个码组,将码组 1 和码组 2 相加,得到码组与码组 3 相同。循环性是指向左(右)移动一位,其结果仍为该码组集合中的一个码组。例如,表 8-6 第一组(0011101)向左移一位得到(0111010),即是表中第三组。

一般来说,若有一码组

$$a_{n-1}a_{n-2}\cdots a_1 a_0$$

向左移 1 位、2 位、3 位、$\cdots$、$n-1$ 位,则有

$$a_{n-2}a_{n-3}\cdots a_1 a_0 a_{n-1}$$

$$a_{n-3}\cdots a_1 a_0 a_{n-1}a_{n-2}$$

$$\cdots$$

$$a_0 a_{n-1}a_{n-2}a_{n-3}\cdots a_1$$

都是码集中的码组。利用循环码的循环性,一个循环码集中的码可以由一个码循环产生。表 8-6 为 (7,3) 循环码的全部码组。

表 8-6 (7,3)循环码的码组

序号	信息位	监督位	码组
0	000	0000	0000000
1	001	1101	0011101
2	010	0111	0100111
3	011	1010	0111010
4	100	1110	1001110
5	101	0011	1010011
6	110	1001	1101001
7	111	0100	1110100

8.4.2　码的多项式

利用代数理论研究循环码。把二进制码组中各码元当做一个 x 多项式的系数,即把长度为 n 的二进制码组与 $n-1$ 次 x 多项式之间建立起对应关系。

若码组为 $A=(a_{n-1}a_{n-2}\cdots a_1a_0)$,则相应的多项式为

$$A(x)=a_{n-1}x^{n-1}+a_{n-2}x^{n-2}+\cdots+a_1x+a_0$$

$A(x)$ 就称为循环码的码多项式。例如,表 8-6 中第一组(0011101)可以表示为

$$x^4+x^3+x^2+1 \tag{8-11}$$

这种多项式中的 x 仅仅是码元位置的标记。这里并不关心 x 的取值而特别关注 x 多项式的系数,将 x 多项式的系数用二进制码组的"0"和"1"表示,两者只是表示方法不同而已。码的 x 多项式可以进行代数运算,这样就便于利用代数分析运算。

8.4.3　生成多项式

将上述对应的第一组码(0011101)向左移位一位,得到(0111010),其相应的 x 多项式为

$$x^5+x^4+x^3+x=x(x^4+x^3+x^2+1)$$

再向左移位一位,码组为 1110100,相应的 x 多项式为

$$x^6+x^5+x^4+x^2=x^2(x^4+x^3+x^2+1)$$

由此可见,码组每循环移位一次,得到的码仍是该码集中的一个码组。而且每循环向左移位一次,相当于原码多项式乘以 x。如果

$$A(x)=x^4+x^3+x^2+1$$

向左移位一次、二次后,其码的多项式分别为

$$xA(x)=x(x^4+x^3+x^2+1)$$

$$x^2A(x)=x^2(x^4+x^3+x^2+1)$$

如果再向左移位一次,码多项式为

$$x^3A(x)=x^3(x^4+x^3+x^2+1)=x^7+x^6+x^5+x^3$$

但按码组移位应为(1101001),其相应的码多项式为

$$x^6+x^5+x^3+1$$

这两个码多项式表示同一码组,但多项式形式不一样,实际上这两个多项式是相同的含义。在代数学中,是 x^7-1 式的"同余"式。"同余"就是用 x^7-1 式去除码多项式,得到的余式是相同的,即

$$x^7+x^6+x^5+x^3\equiv x^6+x^5+x^3+1 \quad (模\ x^7-1)$$

符号"≡"表示"同余",其除式为

$$x^7-1\overline{\smash{\big)}\,x^7+x^6+x^5+x^3}$$
$$\underline{x^7\qquad\quad -1}$$
$$x^6+x^5+x^3+1$$

从上面讨论中可知,一个 (n,k) 循环码,当 n 和 k 确定后,只要找到码集中的一个码多项式,码集中的许用码组都可以用这个码多项式循环移位得到,这个码多项式称为码生成多项式,用 $g(z)$ 表示。

表 8-6 所示 (7,3) 循环码，码组 (0011101) 对应的码多项式就是生成多项式。则

$$g(x) = x^4 + x^3 + x^2 + 1$$

表中共有 $2^3 = 8$ 个码组，其对应的码的多项式都是生成多项式 $g(x)$ 倍式，即

$$0 = g(x) \cdot 0$$
$$x^4 + x^3 + x^2 + 1 = g(x) \cdot 1$$
$$x^5 + x^4 + x^3 + x = g(x) \cdot x$$
$$x^6 + x^5 + x^4 + x^2 = g(x) \cdot x^2$$
$$x^5 + x^2 + x + 1 = g(x) \cdot (x+1)$$
$$x^6 + x^3 + x^2 + x = g(x) \cdot (x^2 + x)$$
$$x^6 + x^5 + x^3 + 1 = g(x) \cdot (x^2 + 1)$$
$$x^6 + x^4 + x + 1 = g(x) \cdot (x^2 + x + 1)$$

由上述分析可以得出结论：(n,k) 循环码中任一码多项式都是生成多项式 $g(x)$ 的倍式。生成多项式 $g(x)$ 是经过标准化认证的，现在使用的标准生成多项式有：

$$CRC-12 = x^{12} + x^{11} + x^3 + 1$$
$$CRC-16 = x^{16} + x^{15} + x^2 + 1$$
$$CRC-CCITT = x^{16} + x^{12} + x^5 + 1$$
$$CRC-32 = x^{32} + x^{26} + x^{23} + x^{22} + x^{16} + x^{12} + x^{11} + x^{10} + x^8 + x^7 + x^5 + x^4 + x^2 + x + 1$$

8.4.4 循环码的编码方法

在编码时，首先要选定生成多项式 $g(x)$。由于码多项式 $A(x)$ 都是 $g(x)$ 的倍式，能被 $g(x)$ 整除，所以根据这个原则，就可以对给定的信息码元进行编码。

设 $m(x)$ 为信息码多项式，只要找出校验码多项式 $r(x)$，就可知道循环码多项式 $A(x)$，从而编出所要的循环码。

例 8-1 $m(x) = x^2 + x$，其二进制码为 110。生成多项式 $g(x) = x^4 + x^2 + x + 1$，其二进制码为 10111，求循环码组。

（1）用 x^{n-k} 乘以 $m(x)$

x^{n-k} 的幂次数与生成多项式 $g(x)$ 的最高幂次数相同。这一运算实际上是在信息码后面附加 $(n-k)$ 个 "0"，n 为循环码多项式 $A(x)$ 的最高幂次数，k 为校验码多项式 $r(x)$ 的幂次数。附加的 "0" 的个数也等于 $g(x)$ 的最高幂次数。例如，编 (7,3) 循环码中，信息码 (110) 的多项式为

$$m(x) = x^2 + x$$

生成多项式

$$g(x) = x^4 + x^2 + x + 1$$
$$x^{n-k} m(x) = x^4 (x^2 + 1) = x^6 + x^5$$

相当于信息码 110 向高移位 0000，变为 1100000。

（2）用 $x^{n-k} m(x)$ 除以 $g(x)$

$x^{n-k} m(x)$ 除以 $g(x)$ 得到商式 $Q(x)$ 和余式 $r(x)$。

$$\frac{x^{n-k} m(x)}{g(x)} = \frac{x^6 + x^5}{x^4 + x^2 + x + 1} = (x^2 + x + 1) + \frac{x^2 + 1}{x^4 + x^2 + x + 1} = Q(x) + \frac{r(x)}{g(x)}$$

写成二进形式为

$$\frac{1100000}{10111}=111+\frac{101}{10111}$$

(3) 联合 $m(x)$ 和 $r(x)$ 编出的码多项式 $A(x)$ 为

$$A(x)=x^{n-k}m(x)+r(x)=x^6+x^5+x^2+1$$

该循环码组为 1100101。

由此可见,采用除法电路可以求出循环校验码多项式。除法电路是根据生成多项式而形成的带反馈连接的移位寄存器。

8.4.5　循环码的译码方法

循环效验码经过信道传输到接收端,由于信道噪声的干扰,数据可能出错。接收端用相同的除法多项式 $g(x)$ 除以接收到的数据。如数据无差错,则余数为零;如数据有差错,则余数不为零。假定接收到的数据是 1100101,用 10111 可以整除,其商是 111。

8.5　卷积码

8.5.1　卷积码编码原理

卷积码又称为连环码,是 1955 年提出来的一种纠错码,它和分组码有明显的区别。在 (n,k) 线性分组码中,本组与 $r=n-k$ 个监督元有关,与其他各组无关,也就是说分组码编码器本身并无记忆性。卷积码则不同,每个 (n,k) 码段内的 n 个码元不仅与该码段内的信息元有关,而且与前面 m 段的信息元有关。通常称 m 为编码存储器。卷积码通常用符号 (n,k,m) 表示。其中 n 为码长,k 为码组中信息码的个数,m 为相互关联的码组的个数。

图 8-5 是卷积码 $(3,1,2)$ 的编码器。它由移位寄存器、模 2 加法器和开关电路组成。

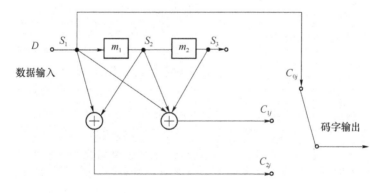

图 8-5　卷积码 $(3,1,2)$ 编码器

起始状态,各级移位寄存器清零,即 $S_1S_2S_3$ 为 000。S_1 等于当前输入数据,而移位寄存器状态 S_2S_3 存储以前的数据。每输入移位数据 D_j,开关依次接通 C_{0j}、C_{1j}、C_{2j} 各一次。输出码字由下式确定:

$$\begin{cases} C_{0j} = D_j \\ C_{1j} = S_1 \oplus S_2 \oplus S_3 \\ C_{2j} = S_1 \oplus S_3 \end{cases} \tag{8-12}$$

当输入数据 $D = [11010]$ 时,数据逐次移入移位寄存器,模 2 加电路运算,开关电路依次读出 C_{0j}、C_{1j}、C_{2j} 获得码字输出。为了使数据能移出寄存器,数据后面应加 3 个 0。编码过程如表 8-7 所示,表中的状态是指 $S_2 S_3$ 的 4 种状态。

表 8-7　(3,1,2)卷积码编码器的编码过程

节拍	S_1	$S_2 \, S_3$	$C_{0j} C_{1j} C_{2j}$	状态
1	1	0　0	1　1　1	a
2	1	1　0	1　0　1	b
3	0	1　1	0　0　1	d
4	1	0　1	1　0　0	c
5	0	1　0	0　1　0	b
6	0	0　1	0　1　1	c
7	0	0　0	0　0　0	a
8	0	0　0	0　0　0	a

8.5.2　卷积码的树状图

表 8-7 的状态表示 $S_2 S_3$ 有 a、b、c、d 4 种状态。状态转移的可能及产生的码字可以用图 8-6 所示的树状图来表示。树状图从节点 a 开始,此时移位寄存器状态为 00。当第一个输入信息位 $D_1 = 0$ 时,输出码元 $C_{0j} C_{1j} C_{2j} = 000$;若 $D_1 = 1$,则 $C_{0j} C_{1j} C_{2j} = 111$。因此从 a 出发有两条支路可供选择,$D_1 = 0$ 时,取上面一条支路,$D_1 = 1$ 则取下面一条支路。输入第二个信息位 D_2 时,移位寄存器右移一位后,上支路移位寄存器的状态仍为 00,下支路的状态则为 01,即状态 b。新的一位输入信息位到来时,随着移位寄存器状态和输入信息位的不同,树状图继续分叉成 4 条支路,2 条向上,2 条向下。上支路对应于输入信息位为 0,下支路对应于输入信息位为 1。如此继续,即可得到图 8-6 所示的二叉树图形。树状图中,每条树枝上所标注的码元为输出信息位,每个节点上标注的 a,b,c,d 为移位寄存器的状态。显然,输入第 j 个信息位,状态转移有 2 条支路,但在 $j = N \geqslant 3$ 时,树状图的节点自上而下开始重复出现 4 种状态。

树状图反映了移位寄存器的现有状态、在输入下一个数据(0、1)后寄存器状态的变化以及输出编码的值。树状图为研究卷积码的译码提供基础。

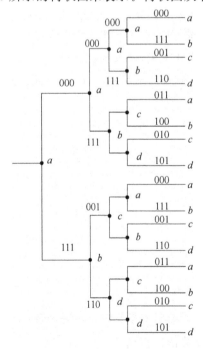

图 8-6　(3,1,2)卷积码树状图

8.5.3　卷积码译码

卷积码译码可以分为代数逻辑译码和概率译码。代数译码是利用生成多项式来译码。概率译码比较实用的有两种:维特比译码和序列译码。目前,概率译码已成为卷积码最主要的译码方法。

1. 维特比译码

维特比译码的基本思路是,把接收码字与所有可能的码字比较,选择一种码距最小的码字作为译码输出。由于接收序列通常很长,把接收码字分段累接处理。每接收一段码字,计算、比较一次,保留码距最小的路径,直至译完整个序列。

2. 序列译码

当 m 很大时,可以采用序列译码法。译码先从码树的起始节点开始,把接收到的第一个子码的 n 个码元与自始节点出发的两条分支按照最小汉明距离进行比较,沿着差异最小的分支走向第二个节点。在第二个节点上,译码器仍以同样原理到达下一个节点,依此类推,最后得到一条路径。若接收码组有错,则自某节点开始,译码器就一直在不正确的路径中行进,译码也一直错误。因此,译码器有一个门限值,当接收码元与译码器所走的路径上的码元之间的差异总数超过门限值时,译码器判定有错,并且返回试走另一分支。经数次返回找出一条正确的路径,最后译码输出。

小　结

1. 差错控制技术是通过差错编码或纠错编码来实现的。具体过程是:在发送端将传送的信息码元序列划分成组,每组有 k 个码元,以一定的规则在每组中增加 r 个码元(称冗余码元),这些码元是不含信息的。这样使原来不相关的信息序列中的码元,通过增加的多冗余码元变为相关,这种方法称为编码。

2. 码距是在许用码组中两个码组对应位置上的码元不同符号的数目,用 d 表示。当在这个集合中任意两个码组的最小距离称为最小码距,又称汉明码距,它是码的纠检错能力的重要度量。一般用 d_0 表示。

3. 数据通信系统中,差错控制方法主要有自动请求重发(ARQ)、前向纠错(FEC)、混合纠错(HEC)3 种。

4. 偶校验使每个码组中"1"的个数为偶数,其校验方程为

$$a_{n-1} \oplus a_{n-2} \oplus a_{n-3} \oplus \cdots \oplus a_0 = 0$$

a_{n-1} 为校验位,其他位为信息位。

奇校验码组中"1"的个数为奇数,其校验方程为

$$a_{n-1} \oplus a_{n-2} \oplus a_{n-3} \oplus \cdots \oplus a_0 = 1$$

a_{n-1} 为校验位,其他位为信息位。

5. 垂直奇偶校验码

垂直奇偶校验又称字符奇偶校验;水平奇偶校验码是将传输的若干字符分一个校验码组。对同一组内各信息字符的同一位进行奇偶校验,校验结果是一个校验字符。

垂直水平奇偶校验码又称纵横奇偶校验码或方阵码,它对水平方向和垂直方向的码元同时进行奇偶校验,其基本原理与简单的奇偶校验相似,不同的是每个码元都要受到纵的和横的两项校验。

6. 汉明码的编码结构是 $m_3m_2m_1m_0r_2r_1r_0$,汉明码是线性分组码,因其监督码元 $r_2r_1r_0$ 可以用线性方程组表示,校正子 $S_1S_2S_3$ 能确定错码位置的关系。

7. 循环码是线性分组码,具有封闭性和循环性。生成多项式 $g(x)$ 用于产生(编出)码集中的其他码,码集中的码是 $g(x)$ 的倍式。循环码的编码方法:① 用 x^{n-k} 乘以 $m(x)$;② 用 $x^{n-k}m(x)$ 除以 $g(x)$;③ 联合 $m(x)$ 和 $r(x)$ 编出的码多项式 $A(x)$。循环码的译码,如传输无差错,$B(x)=A(x)$,$B(x)$ 能被 $g(x)$ 整除;若传输中发生差错,则 $B(x)≠A(x)$,$B(x)=A(x)+E(x)$,$B(x)$ 被 $g(x)$ 除时有余项。因此用余数是否为零来判断接收码组中有无差错。

8. 恒比码码中含"1"和"0"的数目保持固定的比例,又称定比码。

9. 卷积码又称为连环码,是一种纠错编码。

思 考 题

1. 已知 8 个码组为 000000、001110、010101、011011、100011、101101、110110、111000。求码组间的最小码距。

2. 一个 (n,k) 循环码,其生成多项式为 $g(x)=x^5+x^2+1$,当发送的数据为 11101110,求发送的码组。

3. $(7,4)$ 循环码的生成多项式为 $g(x)=x^5+x+1$,求信息码元 1101 所对应的码组。

4. 生成多项式为 $g(x)=x^4+x^3+1$,若接收码组为 11010111010,问是否发生差错?

5. 什么叫码距?什么叫汉明距离?码距对检错、纠错有何影响?

第9章

通信系统的应用举例

数字光纤通信是以光信号运载数字信息,以光导纤维为传输媒介的一种通信方式。

数字光纤通信系统由光发送机、光纤和光接收机三大部分构成。光发送机和光接收机统称为光端机。电端机通常是指 PCM 基群或高次群设备。

光纤通信系统组成原理方框图如图 9-1 所示。

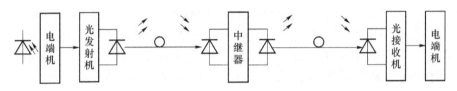

图 9-1　单向光纤通信系统

在光发送设备中,有源器件把数字脉冲电信号转换为光信号(E/O 变换)后,送到光纤中传输。在光接收设备中设有光检测器件,将接收到的光信号转换为电的数字脉冲信号(O/E 变换)。

光信号经过长距离的传输后光被衰减,可采用光中继设备,将信号再生后传输。实用系统是双向的。双向的光通信系统图如图 9-2 所示。

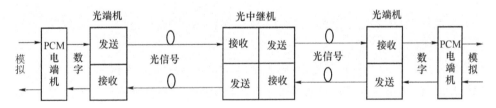

图 9-2　数字光纤通信系统方框图

PCM 电端机主要对用户话音进行数字编码,组成复用帧,形成不同等级速率的数字信号流送至光端机。在发送端,光端机把 PCM 电端机送来的数字信号进行处理,变成光信号送入光纤进行传输。在接收端,光端机进行相反的变换。

9.1　光发送机的组成

光发送机主要由均衡放大电路、码型变换电路、扰码电路、光发送电路组成。光发送机如图 9-3 所示。

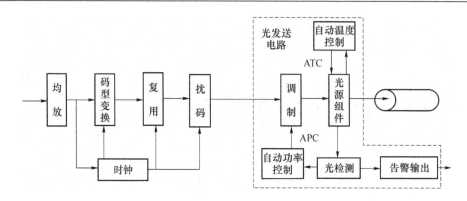

图 9-3　光发送机

1. 均衡放大电路

PCM 电端机与光发送机之间的传输电缆的衰减遵照 $\sqrt{f}$ 规则,由于连接电缆对各频率衰减量的不同,引起输入口信号的幅度和形状发生变化,需由均衡放大电路来补偿。均衡放大电路实际上是利用 RC 均衡网络和放大器补偿传输电缆对不同频率产生的衰减和畸变。

2. 码型变换电路

光发送机输入接口把来自 PCM 的 HDB$_3$ 或 CMI 接口码变换成单极性码,以便在光端机内进行扰码、线路编码和光调制。

3. 时钟提取电路

时钟提取电路从均衡放大后的 PCM 码流中提取时钟,用于码型变换、扰码、线路编码的时钟。

4. 复用

复用是指将多个低速率信道和开销信息合用到一个高速率信道的过程,如将 4 个 155 Mbit/s 的 STM-1 系统复用为一个 622 Mbit/s 的 STM-4 系统。

5. 扰码电路

扰码电路对发送的信息码流处理,码流中"0"和"1"的数量大致相等,破坏过长的连"0"和连"1"码流。经扰码的码流较好地携带时钟,有利于接收端对时钟信号的提取,使主从时钟同步;经过扰码,使光源组件发光和不发光的概率大致相等,较好地保护光源组件。

6. 光发送电路

光发送电路的作用是把电信号变换成光信号,并耦合到光纤中传输。

(1) 光发送电路的组成

光发送电路主要包括波形预处理、光源驱动、光功率自动控制(APC)、光源工作温度自动控制(ATC)、光源组件、告警等部分。采用激光作光源的光发送电路框图如图 9-3 所示。

(2) 光源组件

光源组件的作用是产生作为光载波的光信号。通信用光源组件应满足如下要求。

① 发送的光波长应和光纤低损耗"窗口"一致,即中心波长应在 0.85 μm、1.31 μm 和 1.55 μm 附近。

② 光谱单色性要好,即谱线宽度要窄,以减小光纤色散对带宽的限制。

③ 电/光转换效率高,即要求在较低的驱动电流下,有较大而稳定的输出光功率,且线性良好。发送光束的方向性要好,以提高光源与光纤之间的耦合效率。

④ 允许的调制速率要高或响应速度要快,以满足系统高传输容量的要求。

⑤ 器件应能在常温下以连续方式工作,要求温度稳定性好,可靠性高,寿命长。

⑥ 要求器件体积小,重量轻,安装使用方便,价格便宜。

其中谱线宽度、调制速率、输出光功率和光束方向性直接影响光纤通信系统的传输容量和传输距离,是光源最重要的技术指标。光源组件采用 LD(激光器)和 LED(发光二极管)。

(3) 光调制

电信号变换成光信号称为光调制,使光源发出的光信号按输入电信号的规律变化。对光源进行调制的方法分为两类,即直接调制和间接调制。在强度-直接检波光纤通信系统中,采用的是直接调制。通常直接调制采用半导体光源,如 LD、LED。波分复用系统采用的是间接调制,这种调制适合于高速大容量的系统。

1) 直接调制

直接调制就是用电信号直接驱动光源,使其输出的光载波信号强度随电信号的强度变化,直接调制又称为内调制。调制特性主要由 LD、LED 的 P-I 曲线所决定。LED 和 LD 阈值以上的输出光功率基本上与注入的驱动电流成正比,所以可以通过改变注入的驱动电流来实现光调制。从调制信号的形式来说,光调制又可分为模拟信号调制和数字信号调制。模拟信号调制是直接用连续的模拟信号对光源进行调制,将模拟信号电流叠加在直流偏置电流上,得到连续变化的光信号。数字信号调制指输入的驱动电流是数字脉冲电流,用它对光源进行调制,得到相应的光脉冲输出信号。

图 9-4(a)所示为 LED 直接光强度数字调制原理图。LED 是无阈值的器件,它随着注入驱动电流的增加,输出光功率呈线性的增加,其 P-I 曲线的线性特性优于 LD 的 P-I 曲线的线性特性,因而在调制时,其动态范围大,信号失真小。但 LED 的谱线宽度比 LD 宽得多,对于高速传输非常不利,因此在高速光纤通信系统中通常使用 LD 作为光源。

图 9-4(b)所示为对 LD 的直接光强度数字调制原理图。对 LD 调制时,通常给激光器加一偏置电流 I_0,在偏置电流上叠加调制电流 I_m,$I_0 + I_m$ 为驱动电流,用此电流直接驱动激光器 LD。当调制信号脉冲为"0"码时,驱动电流 $I_0 + I_m$ 小于阈值电流,LD 处于荧光工作状态,输出光功率为"0";当调制信号脉冲为"1"码时,驱动电流 $I_0 + I_m$ 大于阈值电流,LD 被激励,发出激光,输出光功率为"1"。

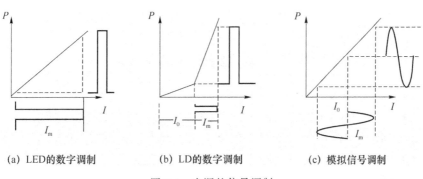

(a) LED的数字调制　　　　(b) LD的数字调制　　　　(c) 模拟信号调制

图 9-4　光源的信号调制

由此可见,当激光器的驱动电流大于阈值电流时,输出光功率 P 和驱动电流 I 基本上呈现线性关系,且输出光功率和输入电流成正比,所以输出光信号可以反映输入电信号的变化。

2）间接调制

间接调制电信号不直接调制光源,而是利用晶体的电光、磁光来调制光源发出的光。即在光辐射之后再加载调电压,使经过调制器的光载波得到调制,这种调制方式又称做外调制。

恒定光源是一个连续发送固定波长和功率的高稳定光源,在发光的过程中,不受电调制信号的影响。光调制器对恒定光源输出的激光信号,根据电调制信号的"1"或"0","允许"或"禁止"激光信号通过。间接调制结构如图 9-5 所示。

图 9-5　间接调制结构图

（4）调制电路

调制电路放大电数字信号,为光源提供驱动电流,故又称驱动电路。在数字调制时调制电路是电流开关电路。LD 存在阈值,应施加略低于阈值的偏置电流 I_0。流过激光器的电流是偏置电流 I_0 和驱动电流 I_m 之和。

（5）光器件的自动光功率控制和自动温度控制

光器件的自动光功率控制（APC,Automatic Power Control）电路对激光器输出光功率取样,通过光电转换器件转化为反馈控制电流,用该电流稳定激光器的输出功率,避免激光器输出功率过大而损坏。条形激光器有两个激射镜面,把前镜面输出的激光作为主光,用尾纤耦合引出,作为光纤中传输的光信号。将后镜输出的激光（后向光）直接耦合到一个 PIN 光电二极管的光敏面上,后向光被光电二极管转换为电信号,用做光驱动电路反馈控制电流,稳定驱动电路的输出电流,稳定激光器的激光输出功率。

自动温度控制（ATC,Automatic Temperature Control）控制 LD 激光器工作在 20℃ 左右恒温状态,避免激光器结温过高。

温度控制也有多种方式,常用的是半导体致冷器方式,是基于帕尔帖效应的原理的致冷方式。致冷器由特殊的半导体材料制成,当其通过直流电流时,一侧致冷,另一侧放热。在 LD 组件中,将致冷器的冷侧和测温用的热敏电阻也贴在管芯上,封装在同一管壳中。用热敏电阻测量 LD 激光器的温度,再利用 ATC 电路控制通过致冷器的电流大小,达到自动温度控制的目的。

9.2　光接收机的组成

光接收机的光电接收电路将通过光纤传输过来的光信号变换为电信号,再经放大、均衡之后送到定时判决电路,再生出复原的数字信号,经解扰码,解复用,变换为 HDB$_3$ 码或 CMI 码传输给电端机。光接收机原理方框图如图 9-6 所示。

1. 光电检测器

光电检测器的功能是把从光纤中接收的光信号变换为电信号,便于其后的电路进行放大处理。常用的光电检测器有 PIN 光电二极管和雪崩光电二极管 APD。

PIN 光电二极管光检测器使用简单,只需 10～20 V 偏压即可工作,不需要专门的偏压控制电路。但 PIN 光电二极管没有增益。

APD 雪崩光电二极管光检测器具有 10～200 倍的倍增,使信噪比得到有效的改善,但使用比较复杂,需要专门的偏压控制电路,以提供所需的 200 V 左右偏压,还要采取温度控制措施使 APD 的倍增系数不受温度影响。

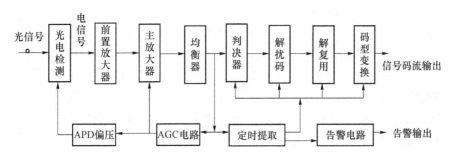

图 9-6　光接收机原理方框图

2. 前置放大器、主放大器

光接收机的放大器分为前置放大器和主放大器两部分。前置放大器具有较低的噪声、较高的增益和较高的频带宽度。前置放大器的噪声直接影响到光接收机的灵敏度。前置放大器把来自光检测器的微弱电流放大到毫伏量级。前置放大器有 3 种类型可供选择,即低阻抗放大器、高阻抗放大器和跨阻抗放大器。

低阻抗前置放大器有较宽的带宽,但输入阻抗较低,噪声较大。高阻抗前置放大器噪声较小,具有高输入阻抗,但时间常数较大,带宽较窄,容易造成码间干扰,对均衡电路有较高要求,限制其在高速系统的运用。跨阻抗放大器是负反馈放大器,具有频带宽、噪声低和较大的动态范围等优点。

主放大器由多级放大器组成,具有很高的增益,通过自动增益控制电路,适应较宽的动态范围。主放大器把来自前置放大器的信号放大到适合判决电路所需的电平,它的输出一般为 1～3 V_{PP}。

3. 均衡器

从光纤线路接收、由光电转换获得的电信号是基带信号,所以均衡器实际是滤波器,它对某些频率进行补偿,对某些频率进行抑制或滤除,还可以滤除部分噪声,故也称为均衡滤波器。均衡器选取 0～f_c 频率的信号成分送给判别再生电路,阻止高于 f_c 频率的谐波成分进入判别再生电路,防止谐波频率造成码间干扰,有利于判决再生。

均衡器通常是 LC 低通滤波器,其高端的截止频率 $f_c = (0.6～0.7)f_b$,f_b 数值上等于光线路比特率,$f_b = \dfrac{1}{T_b}$。

4. 自动增益控制电路

自动增益控制电路 AGC 是为了适应光功率的变化而设置的。光源随时间变化渐渐老化导致输出光功率变小,环境温度的变化导致光纤衰减改变,通信距离不同或选用光纤质量不同,都会使进入接收机的光信号强度不同。这就要求接收机有一定范围的自动增益控制能力。自动增益控制电路通常是用负反馈环路来控制主放大器的增益,在采用雪崩管(PAD)的接收机中还通过控制雪崩管的高压来控制增益。当光信号较强时,通过反馈环路使增益降低,当光信号较弱时,通过反馈环路使增益提高,从而使主放大器有恒定的输出。

5. 判决再生电路

判决再生电路的作用是把放大、均衡后输出的升余弦波形恢复成数字信号,它由判决器和时钟提取电路组成。为了判定信号,首先需要判决用的时钟,从均衡后的升余弦波中提取。时钟信号经过适当的相移后,在最佳时刻对升余弦波形进行抽样,然后将抽样幅度与判决阈值进行比较,以判定码元是"0"码或是"1"码,从而把升余弦波形恢复成数字波形。

6. 解扰码器

解扰码器将经过扰码的码流恢复为原来的信号码流,是扰码的逆变换。

7. 解复用器

解复用器是指将一个高速率信道的码流分解为多个低速率信道和开销信息过程,如将一个 622 Mbit/s 的 STM-4 系统分解为 4 个 155 Mbit/s 的 STM-1 系统。

8. 码型变换

码型变换将光接收机内部的单极性码变换为符合 PCM 电端机接收的 HDB_3 或 CMI 码。

9.3 光中继器

光纤通信利用光纤传输光信号。光信号在传输过程会出现两个问题:光纤的衰耗使光信号的幅度衰减,限制了光信号的传输距离;光纤的色散使光信号波形失真,造成码间干扰,使误码率增加。

光纤的衰耗和色散限制了光信号的传输距离,也限制了光纤的传输速率。为了增加光纤的通信距离和通信速率,必须在光纤传输线路中每隔一定距离(50~70 km)设置一个光中继器。光中继器的主要功能有:补偿衰减的光信号;对畸变失真的信号波形进行整形。

所以,在长距离光通信传输中,光中继器是延长通信距离和保证传输质量的重要组成部分。光纤通信系统中的光中继器主要有两种:一种是传统的光中继器(光电中继器),另一种是全光中继器。

1. 光电中继器

光中继器的主要功能是补偿光能量的损耗,恢复信号脉冲的形状。目前长途传输多为数字信号传输系统,光中继器也是数字光中继器。传统的光中继器采用光-电-光(O. E. O)转换形式。这样的中继器是由一个光接收器和光发射器相连接组成的系统。其中,光接收器的功能是将接收到的微弱光信号用光电检测器转换成电信号后进行放大、整形和再生,恢复出原来的数字信号。光发送器用再生后的数字信号对光源进行调制,将数字信号变换为光脉冲信号后送入光纤,如图 9-7 所示。这种光中继器的电路比光端机简单,主要电路原理是一样的。

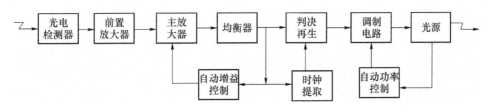

图 9-7　数字光中继器原理方框图

光电中继器有的是设在机房中,有的是直埋在地下或架设在架空光缆的电杆上。对于直埋式和架空式的室外中继器,必须有良好的密封性能。

2. 全光中继器

光纤放大器是全光放大器,用做光中继器以代替光电中继器。目前所用的光纤放大器主要是掺铒光纤放大器。掺铒光纤放大器是一个直接放大光波的有源器件,可在光纤线路中代替光电中继器。采用掺铒光纤放大器的光通信系统如图 9-8 所示。

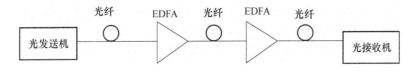

图 9-8　掺铒光纤放大器用作光中继器

用掺铒光纤放大器的优点是设备简单,没有光-电-光的转换过程,工作频带宽。缺点是,光放大器作中继器时,对波形不起再生整形作用。

9.4　线路码型

1. 光端机与 PCM 电端机接口码型

在准同步数字通信系统中,光端机与电端机接口速率和码型应符合 CCITT 的 G.703 建议中对以 2 048 kbit/s 为基础的数字系列规定的码型标准。G.703 标准如表 9-1 所示。

表 9-1　PDH 接口码速率和码型

PCM 复接层数	基群	二次群	三次群	四次群
接口速率/(kbit·s^{-1})	2 048	8 448	34 368	139 264
接口码型	HDB$_3$	HDB$_3$	HDB$_3$	CMI

由表中可以看出,接口码型主要有:HDB$_3$ 码(三阶高密度双极性码)和 CMI 码(传号反转码)。

CMI 码又称传号反转码,是一种 1B2B 码,是单极性码。CMI 码与二进制 NRZ 码的对应关系如表 9-2 所示。

表 9-2   CMI 码

二进制 NRZ 码	0	1	
CMI 码	01	00	11

在 CMI 码流中,只会出现 01 和交替的 00、11,利用这一点可以检测部分误码。ITU-T 建议将 CMI 码作为准同步(PDH)系列四次群和同步数字系列(SDH)STM-1 的接口码型。

2. 光纤线路常用码型

(1) mBnB 分组码

mBnB 码的特点是将输入的码流按 m 比特(mB)分为一个分组,然后将 mB 的码组在同样长的时隙内编成 n 比特(nB)的码组输出,故称为 mBnB 码($n>m$)。用 mBnB 组成的线路码比原码的速率高。通常有 $n=m+1,n=m+2$ 等。mBnB 码有 1B2B 码、2B3B 码、3B4B 码、5B6B 码、7B8B 码、17B18B 码。在千兆以太网中用 8B10B 码。

现以 3B4B 码为例说明。3B 码共有 8 种,除 000 和 111 外,其余 6 个码中含有两个"0"的,编成 4B 码时加一个"1";含有两个"1"的,就加一个"0",这样构成的 4B 码都是两个"1"两个"0"的均等码,只用一种模式;对于 000,用 0100 和 1011 两种码字(模式 1、模式 2)交替使用,使总的"0"、"1"数仍为相等;对于 111,也同样用 0010 和 1011 两种模式变换。3B 码共有 8 个码,4B 码中共有 16 个码,用 10 个作为信息码,尚有 6 种码没有用到,它们可以作为反变换时的组同步和误码检测用。如表 9-3 所示。

mBnB 编码方法之一是查表法。首先将 mB 码对应的 nB 码存入只读存储器 PROM 中,用输入的 mB 码作为地址去查只读存储器,其输出就是 nB 码。

mBnB 码提高了码速,具有便于提取时钟、低频分量少、可以实时监控、迅速同步等优点。

表 9-3   3B4B 码表

	3B	4B	
		模式 1	模式 2
0	000	0100	1011
1	001	0011	0011
2	010	0101	0101
3	011	0110	0110
4	100	1001	1001
5	101	1010	1010
6	110	1100	1100
7	111	0010	1101

(2) 脉冲插入码

插入码是把输入码流每 m 比特分为一组,在每组 mB 码末尾按一定的规则插入 1 比特的"1"或"0",线路速率不会增大很多。脉冲插入码的形式上与分组码相似,实质上却有区别。它没有码表,实现的方法也不同于分组码。

① mB1P 码

　　mB1P 码称为附加奇偶位码。以输入码流的 m 比特(mB)为一组,在其后插入 1 比特的校验位(1P)。插入的 1 比特校验位可以是每组码的奇校验,也可以是偶校验。例如偶校验,mB 码组"1"的个数为奇数,则 P 为"1";如 mB 码组"1"为偶数,则 P 为"0"。奇数校验能解决长连"0"问题,当 m 为偶数时又能解决长连"1"问题。偶校验不能解决长连"0"问题,但可以进行不停业务的误码检测。图 9-9 所示为 7B1P 偶校验码。

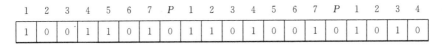

图 9-9　7B1P 偶校验码

　　② mB1C 码

　　在 mB 之后增加 1 位补码(1C),能有效地控制长连"0"和长连"1"。补码能用于线路误码检测。mB1C 码将输入码流的每 m 比特(mB)分为一组,在最后插入一位补码。如果末位插入的码是前一位的补码,这种脉冲插入码就叫附加补码位码,简称 C 码。补码可以是前一位的补码,也可以是前几位的补码。图 9-10 为 7B1C 码。

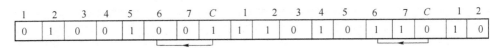

图 9-10　7B1C 码

　　③ mB1H 码

　　mB1H 是从 mB1C 码演变过来的。在每个 mB 分组之后交替地插入 C(补)码、F(Frame 帧)码、S(Service 公务)码、M(Monitoring 监控)码、D(Date 数据)码、I(Interval Communication 区间通信)码。因末位插入的是多种码的混合,故称为 H(Hybrid 混合)码。这种码型插入的 C 码便于不中断业务的误码检测,时分插入的 F、S、M、D、I 便于传送辅助信息,解决了监控、管理维护、区间通信的传输问题。mB1H 码的基本结构见图 9-11。

图 9-11　mB1H 码的结构

　　(3) 扰码

　　扰码是最简单的线路码。扰码器可以把输入的二进制码的"0"、"1"序列重新排列,使得输出序列中的"0"和"1"的分布概率大致相等,码流中不会出现长连"0"和长连"1",从而改善时钟提取的质量,抑制相位抖动,扰码也可较好地保护光组件。扰码不增加线路的速率。扰码扰乱了输入的二进制序列,但扰乱是有规律的,在接收端可以解扰复原。

　　m 序列发生器输出的"0"、"1"概率基本相等,将输入的码流与 m 输出序列模 2 加,其输出的码流"0"、"1"的概率也基本相等。

　　扰码器如图 9-12(a)所示,S 为输入码流,Y 为扰码器的输出码流,X^3 表示 Y 经过移位寄存器 3 次移位,X^4 表示 Y 经过移位寄存器 4 次移位。其逻辑关系如下:

$$Y = S \oplus X^3 Y \oplus X^4 Y \tag{9-1}$$

将等式(9-1)两边模 2 加($X^3Y\oplus X^4Y$),得

$$S\oplus X^3Y\oplus X^4Y\oplus X^3Y\oplus X^4Y=Y\oplus X^3Y\oplus X^4Y$$

$$S=Y(1\oplus X^3\oplus X^4)$$

输出扰码码流为

$$Y=\frac{1}{1\oplus X^3\oplus X^4}S \qquad\qquad (9\text{-}2)$$

在接收端光接收机解扰码,解扰码器如图 9-12(b)所示,式(9-3)是解扰码的逻辑式:

$$S'=Y'\oplus X^3Y'\oplus X^4Y'=(1\oplus X^3\oplus X^4)Y' \qquad (9\text{-}3)$$

如果传输没有错误,则 $Y=Y'$,将式(9-2)代入式(9-3),得

$$S'=(1\oplus X^3\oplus X^4)\frac{1}{1\oplus X^3\oplus X^4}S=S$$

扰码器恢复原来的码流 S。

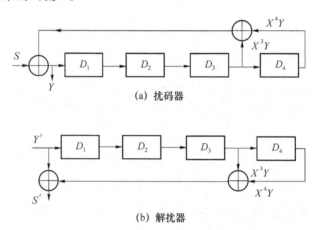

图 9-12　扰码器和解扰器

9.5　光端机的主要指标

1. 光发送机的主要指标

在光纤通信系统中,光发送机的作用是把电端机送来的电信号转变成光信号,并送入光纤线路进行传输。因此对光发送机有一定的要求。

(1) 输出光功率及稳定度

光发送机的输出光功率通常是指耦合进光纤的功率,也称入纤功率。入纤功率越大,可通信的距离就越长,但光功率太大会使系统工作在非线性状态,对通信将产生不良影响。因此,要求光发送机应有合适的光功率输出,一般为 0.01~5 mW。

稳定度是指输出光功率要保持恒定,在环境温度变化或器件老化时,允许光功率变化为5%~10%。

(2) 光脉冲的消光比

消光比的定义为全"1"码的平均发送光功率与全"0"码的平均发送光功率之比。消光比

表示为

$$\text{EXT} = 10 \lg \frac{P_{11}}{P_{00}} \text{dB} \qquad (9\text{-}4)$$

式中，P_{11} 为全"1"码时的平均光功率，P_{00} 为全"0"码时的平均光功率。

理想情况下，当进行"0"码调制时应没有光功率输出，"1"码调制时有光功率输出。但由于激光器加有偏置电流，在"0"码时实际输出的是功率很小的荧光，这对于光接收机来说是噪声，造成接收机灵敏度降低。从减小噪声来说，偏置电流越小越好，但光功率输出将减小，一般偏置电流为阈值的 $0.7 \sim 1.0$。一般要求消光比 $\text{EXT} \geqslant 10$ dB。

（3）调制特性要好

调制特性是指光源的 $P\text{-}I$ 曲线，要求在使用范围内 $P\text{-}I$ 曲线线性特性好，否则在调制后将产生非线性失真。此外，要求电路简单、成本低、稳定性好、光源寿命长等。

2. 数字光接收机的主要指标

数字光接收机的主要指标有光接收机的灵敏度和动态范围。

（1）光接收机的接收灵敏度

光接收机的灵敏度是指在系统满足给定误码率的条件下，光接收机所需的最小平均接收光功率 $P_{\min}(\text{mW})$。光接收机的灵敏度通常用毫瓦分贝表示，即

$$S_r = 10 \lg \frac{P_{\min}}{10^{-3}} \text{ dBm} \qquad (9\text{-}5)$$

如果一部光接收机在满足给定的误码率指标下，所需的平均光功率越低，说明其灵敏度越高，其性能越好。影响光接收机灵敏度的主要因素是噪声，它包括光电检测器的噪声、放大器的噪声等。

（2）光接收机的动态范围

光接收机的动态范围是指在保证系统误码率指标的条件下，接收机的最低输入光功率（dBm）和最大允许输入光功率（dBm）之差（dBm），即

$$D = 10 \lg \frac{P_{\max}}{10^{-3}} - 10 \lg \frac{P_{\min}}{10^{-3}} = 10 \lg \frac{P_{\max}}{P_{\min}} \text{ dBm} \qquad (9\text{-}6)$$

光接收机必须有一个动态接收范围，这是由于通信距离不同，衰减不同，光功率器件老化使输出功率变化等，将使输入光信号功率发生变化，接收机必须具备适应输入光信号在一定范围内变化的能力。低于这个动态范围的下限（即灵敏度），将产生较大的误码；高于这个动态范围的上限，接收电路会饱和、过载，在判决时亦将造成较大的误码。显然，光接收机应能适应较宽的动态范围，动态范围表示了光接机对输入信号的适应能力，数值越大越好。

自动增益控制能提高光接收机的动态范围。光接收机的自动增益控制（AGC）就是利用反馈环路来控制主放大器的增益，在采用 APD 雪崩管的光接收机中还通过控制雪崩管的高压来控制雪崩增益。当较强的光信号功率输入时，通过反馈环路降低放大器的增益；当较弱的光信号功率输入时，通过反馈环路提高放大器的增益，使输出达到恒定，以利于判决。光接收机在不同的输入光功率信号下，通过放大器的自动增益控制，使输出信号幅度恒定不变。

对于采用 PIN 光电检测器的数字光接收机，其自动增益控制只对主放大器起作用。

小 结

1.数字光纤通信系统由光发送设备、光纤和光接收设备三大部分构成。

2.光发送机主要由均衡放大电路、码型变换、扰码电路、线路编码电路、光发送电路组成。

3.光接收机的光接收电路将通过光纤传输过来的光信号变换为电信号,再经放大、均衡后送到定时判决电路,再生出复原的数字信号,经解扰码、解复用,变换为 HDB$_3$ 码或 CMI 码传输给电端机。

4.光中继器的主要功能是补偿光能量的损耗,恢复信号脉冲的形状。

思 考 题

1.数字光通信系统如何组成?

2.光发送机由哪几部分电路组成? 各部分电路的作用是什么?

3.光接收机由哪几部分电路组成? 各部分电路的作用是什么?

4.光电中继器由哪几部分电路组成? 各部分电路的作用是什么?

参 考 文 献

[1]　沈保锁,等.通信原理.北京:人民邮电出版社,2006.

[2]　张会生.现代通信系统原理.北京:高等教育出版社,2004.

[3]　沈越泓.通信原理.北京:机械工业出版社,2003.

[4]　李白萍,等.通信原理与技术.北京:人民邮电出版社,2003.

[5]　孙学军,等.通信原理.北京:电子工业出版社,2001.

[6]　冉宏伟.数字通信原理.北京:铁道出版社,1999.

[7]　张文东.通信基础知识.北京:高等教育出版社,1999.

[8]　王维一.通信原理.北京:人民邮电出版社,2004.

[9]　及德增.程控交换技术.2 版,北京:中国铁道出版社,2001.

[10]　穆维新.现代通信交换技术.北京:人民邮电出版社,2005.

[11]　赵梓森.光纤数字通信.北京.北京:人民邮电出版社,1991.

[12]　乔桂红.光纤通信.北京.北京:人民邮电出版社,2005.

[13]　庞宝茂.现代移动通信.北京:清华大学出版社,2004.

[14]　孙青卉.移动通信技术.2 版.北京:机械工业出版社,2005.